福建省茶树品种图志

鄭克光題

福建省
茶树品种图志

◎ 陈常颂　余文权　等 / 编著

中国农业科学技术出版社

图书在版编目（CIP）数据

福建省茶树品种图志 / 陈常颂等编著. —北京：
中国农业科学技术出版社，2016.7（2023.2重印）
ISBN 978-7-5116-2653-0

Ⅰ.①福…　Ⅱ.①陈…　Ⅲ.①茶树—品种—福建省—
图集　Ⅳ.① S571.102.92-64

中国版本图书馆 CIP 数据核字（2016）第 139219 号

责任编辑　李　雪　徐定娜
责任校对　李向荣

出　　版　中国农业科学技术出版社
　　　　　北京市中关村南大街 12 号　　邮编：100081
电　　话　（010）82109707　82105169（编辑室）
　　　　　（010）82109702（发行部）　（010）82109709（读者服务部）
传　　真　（010）82106650
网　　址　http://www.castp.cn
经　　销　各地新华书店
印　　刷　北京建宏印刷有限公司
开　　本　787mm×1 092 mm　1/16
印　　张　11.75
字　　数　224 千字
版　　次　2016 年 7 月第 1 版　2023 年 2 月第 5 次印刷
定　　价　128.00 元

《福建省茶树品种图志》
编著人员

主编著

陈常颂　国家茶叶产业技术体系乌龙茶育种岗位专家

　　　　福建省茶树种质共享平台　主任

　　　　福建省茶树育种工程技术研究中心　主任

　　　　福建省农业科学院茶叶研究所育种室主任、副研究员、硕导

余文权　福建省农业科学院副院长、教授级高级农艺师、硕导、博士

副主编著（按姓氏笔画排序）

王庆森　福建省农业科学院茶叶研究所研究员、博士

王秀萍　福建省农业科学院茶叶研究所副研究员、博士

陈志辉　福建省农业科学院茶叶研究所副研究员、博士

陈荣冰　福建省农业科学院茶叶研究所原所长、研究员、硕导

单睿阳　福建省农业科学院茶叶研究所研习、硕士

高　峰　福建省农业厅种植业推广总站站长、推广研究员、硕导

参加编著人员（按姓氏笔画排序）

王让剑　王庆森　王秀萍　王定锋　孔祥瑞　阮其春　李良德　李慧玲

杨　军　杨燕清　余文权　张　辉　陈志辉　陈荣冰　陈常颂　林郑和

单睿阳　钟秋生　高　峰　游小妹

本研究资助项目

国家茶叶产业技术体系（CARS-23）

国家茶树改良中心福建分中心

福建省茶树种质共享平台

福建省茶树育种工程技术研究中心

福建省公益科研院所专项（2015R1012-10）

福建省种业工程项目：茶树种质征集保存与优特种质鉴定评价

中国乌龙茶产业协同创新中心专项（闽教科〔2015〕75号）

前　言

茶产业是福建省农业优先发展的九大主导产业之一，全省涉茶人口超过 300 万人，是山区脱贫致富奔小康的支柱产业。茶树良种是高效生产的物质基础，在特异品质、产品多样化与市场竞争力中具有不可替代的基础性作用。事实证明，国内外茶叶生产的每一次飞跃总是与新品种的育成和利用分不开的。

2012 年 3 月，福建省人大常委会审议通过了《福建省促进茶产业发展条例》，并于当年 6 月 1 日起施行。为鼓励新品种选育，从 2012 年起福建省级财政对上一年度获得国家级、省级审定的茶树新品种，分别给予选育单位一次性奖励人民币 50.0 万元和 30.0 万元。这些优惠政策的出台实施，加快了将福建茶树种质资源优势转化为商品优势的步伐。

截至 2015 年 12 月，我国共育成国家级茶树品种 134 个（其中，无性系品种 117 个，有性系品种 17 个），省级品种约 213 个（含中国台湾的 23 个）。通过福建茶叶科技工作者的不懈努力，至 2016 年 4 月，福建省通过国家、省级审（认、鉴）定的茶树品种共有 45 个（含境外引进审定品种 1 个），其中国家审（认、鉴）定绿茶品种 8 个、乌龙茶品种 18 个；福建省审（认）定绿茶品种 8 个、乌龙茶品种 11 个。按这些品种育成的年份顺序，我们编著了《福建省茶树品种图志》。

本书介绍了 45 个福建省选育并通过国家、省级审（认、鉴）定的茶树品种的形态学特征、生物学特性、品质特性、抗逆性（耐寒性、耐旱性、对当地常见病虫害的抗性）以及其他特征特性，每品种还配以新梢、植株和生产茶园、成熟叶片、花朵等图片，对茶树品种鉴别、品种选择应用等具有实际意义。

众所周知，农业具有很强的区域性。本书介绍的 45 个品种均在福安市社口镇福建省农业科学院茶叶研究所基地（地处东经 119° 34′，北纬 27° 13′，海拔 50.0 m。冬季的低温期主要集中在 12 月至翌年 3 月 4 个月。近 6 年的月均气温为 9.2 ~ 28.6℃，月降水量 60.5 ~ 250.2 mm；干旱期 7—11 月，主要是在月平均气温最高的 7 月与干旱同步的热旱害。茶园土壤为黄壤，pH 值 4.2，含全氮 800 mg/kg，全钾 7 300 mg/kg，全磷 530 mg/kg，有机质 1.65%）。这些品种栽种在同一地块，茶园土壤、肥培管理水平基本一致，除几个近 1 ~ 2 年育成的品种外，其树龄也一致。在同一生境下开展调查、观测，具有很好的可比性。

为便于查找、对比，本书对福建省茶树品种的生育期、亲缘关系等主要性状进行了汇总，还附录了与茶树资源鉴定、新品种选育相关的材料：全国茶树品种区域试验暂行技术规程；农作物种质资源鉴定技术规程　茶树（NY/T 1312—2007）；植物新品种特异性、一致性和稳定性测试指南　茶树（NY/T 2422—2013）。

《福建省茶树品种图志》是一部学术性和实用性较强的茶树品种工具书，希望本书的出版可以为茶树育种和茶业技术人员以及茶叶生产者等提供参考。囿于编著者水平和研究程度等的限制，书中难免存在不妥之处，恳请读者批评指正。

编著者

2016 年 4 月

目　录

第一章　茶树品种描述与鉴定规范

1. 树　型

目测 5 龄以上自然生长植株，无性系品种取样 5 株。根据下列描述代码标准确定品种的树型。

灌木：植株从根颈处分枝，全株无明显主干。

小乔木：植株基部主干明显，中上部主干不明显。

乔木：植株从基部到顶部主干明显。

以样品中概率最大的描述代码为种质的树型。

2. 树　姿

无性系品种随机取 5 株。灌木型茶树测量外轮骨干枝与地面垂直线的夹角，每株测 2 个；乔木和小乔木型茶树测量一级分枝与地面垂直线的分枝夹角，每株测 2 个。单位为（°），精确到整数位。

根据树姿模式图及下列描述代码标准，确定每个种质的树姿。

直立：一级分枝与地面垂直线的角度＜ 30°。

半开张：30°≤一级分枝与地面垂直线的角度＜ 50°。

开张：一级分枝与地面垂直线的角度≥ 50°。

直立　　　　　　　　半开张　　　　　　　　开张

3. 春梢生育期观测

在相同栽培管理条件下，连续 2 年对相同树龄的这些品种 2—5 月进行春梢生育期观察。每株固定观察修剪剪口以下第一芽或未修剪的顶芽，每品种选择 15 个芽头固定观察，新梢发芽期每隔 1 天观察一次，以样本数的 30% 越冬芽达到相应芽期标准为准。乌龙茶以黄旦为对照种，绿茶以福鼎大白茶为对照种。

4. 发芽密度

当春茶第一轮越冬芽萌展至鱼叶期时，目测记录 10 cm 叶层 33 cm×33 cm 蓬面内已萌发芽的个数，观测 3 个点。单位为个，精确到整数位，用平均值表示。根据下列标准确定种质的发芽密度。

稀：灌木型和小乔木型＜ 80 个，乔木型＜ 50 个。

中：80 个≤灌木型和小乔木型＜ 120 个，50 个≤乔木型＜ 90 个。

密：灌木型和小乔木型≥ 120 个，乔木型≥ 90 个。

5. 芽叶色泽

当春茶第一轮一芽二叶占供试茶树全部新梢的 50% 时，随机采摘一芽二叶新梢 10 个，观察其芽叶色泽。观察时由 2 人同时判别，以样品中概率最大的描述代码为种质的芽叶色泽。

① 玉白色；② 黄绿色；③ 浅绿色；④ 绿色；⑤ 紫绿色。

玉白色　　　　　　　　　　黄绿色

浅绿色　　　　　　　绿色　　　　　　　紫绿色

6. 芽叶茸毛

当春茶第一轮一芽二叶占供试茶树全新梢的 50% 时进行目测，随机采摘一芽二叶新梢 10 个。以龙井 43 作为"少毛"判别标准，以福鼎大白茶与云抗 10 号分别作为中小叶茶和大叶茶"多毛"判别标准，判断其一芽二叶芽体茸毛的多少。以样品中概率最大的描述代码为种质的芽叶茸毛。

①无；②少；③中；④多；⑤特多。

7. 一芽三叶百芽重

当春茶第一轮侧芽的一芽三叶占全部侧芽数的 50% 时进行取样。从新梢鱼叶叶位处随机采摘一芽三叶新梢。称 100 个一芽三叶新梢的重量。单位为 g，精确到 0.1 g。

8. 叶片着生状态

于 10—11 月测量当年生枝干中部成熟叶片与茎干的夹角。每株测量 2 个，共测量 10 个。单位为（°），精确到整数位。以样品中概率最大的描述代码为种质的叶片着生状态。按下列描述代码标准确定样品的叶片着生状态。

上斜：着生角度 ≤ 45°。

稍上斜：45° < 着生角度 ≤ 80°。

水平：80° < 着生角度 ≤ 90°。

下垂：着生角度 > 90°。

9. 叶片大小

于 10—11 月取当年生枝条中部典型成熟叶片，每株 2 片，共取 10 片。单位为 cm，精确到 0.1 cm。测定叶长和叶宽，计算公式为：叶面积 = 叶长 × 叶宽 ×0.7，再根据叶面积的平均值，按以下标准确定叶片大小。

小叶：叶面积 < 20.0 cm^2。

中叶：20.0 cm^2 ≤ 叶面积 < 40.0 cm^2。

大叶：40.0 cm^2 ≤ 叶面积 < 60.0 cm^2。

特大叶：叶面积 ≥ 60.0 cm^2。

10. 叶　形

于 10—11 月取当年生枝条中部典型成熟叶片，每株 2 片，共取 10 片。测量叶片的长和宽，根据叶长、叶宽计算出每张叶片的长宽比，再根据长宽比平均值，按以下描述代码标准确定叶形。

近圆形：长宽比≤2.0，最宽处近中部。

卵圆形：长宽比≤2.0，最宽处近基部。

椭圆形：2.0＜长宽比≤2.5，最宽处近中部。

长椭圆形：2.5＜长宽比≤3.0，最宽处近中部。

披针形：长宽比＞3.0，最宽处近中部。

以样品中概率最大的描述代码为种质的叶形。当两个描述代码概率相等时，则用两个描述代码作为种质的叶形。如某种质"椭圆形"占40%，"长椭圆形"占40%，"披针形"占20%，则以"椭圆；长椭圆"表示。

| 近圆形 | 卵圆形 | 椭圆形 | 长椭圆形 | 披针形 |

11. 叶　色

于 10—11 月取当年生枝条中部典型成熟叶片，每株 2 片，共取 10 片。肉眼判断叶片样品正面的颜色。观察时由 2 人同时判别，以样品中概率最大的描述代码为种质的叶色。

①黄绿色；②浅绿色；③绿色；④深绿色。

12. 叶　面

于 10—11 月取当年生枝条中部典型成熟叶片，每株取 2 片，共取 10 片。中小叶茶以福建水仙和政和大白茶，大叶茶以长叶白毫和云梅分别作为样品叶面"平"和"隆起"的判别标准。以样品中概率最大的描述代码为种质的叶面。

①平；②微隆起；③隆起。

| 平 | 微隆起 | 隆起 |

13. 叶　身

于 10—11 月取当年生枝条中部典型成熟叶片，每株 2 片，共取 10 片。目测判定样品的叶身。以样品中概率最大的描述代码为种质的叶身。当两个描述代码概率相等时，则用两个描述代码作为种质的叶身。如某种质"平"占 40%，"内折"占 40%"稍背卷"占 20%，则以"平；内折"表示。

①内折；②平；③稍背卷。

| 内折 | 平 | 稍背卷 |

14. 叶　质

于 10—11 月取未开采或深修剪后茶树当年生枝条中部典型成熟叶片，每株 2 片，共取 10 片。以手感方式判断其叶质。观察时由 2 人同时判断，以样品中概率最大的描述代码为种质的叶质。当两个描述代码概率相等时，则用两个描述代码作为种质的叶质。如某种质"柔软"占 40%，"中"占 40%，"硬"占 20%，则以"柔软；中"表示。

① 柔软；② 中；③ 硬。

15. 叶齿锐度

于 10—11 月取当年生枝条中部典型成熟叶片，每株 2 片，共取 10 片。观察叶缘中部锯齿的锐利程度，确定样品的叶齿锐度。以样品中概率最大的描述代码为种质的叶齿锐度。

① 锐；② 中；③ 钝。

锐　　　　　　　　　　　中　　　　　　　　　　　钝

16. 叶齿密度

于 10—11 月取当年生枝条中部典型成熟叶片，每株 2 片，共取 10 片。测量叶缘中部锯齿的稠密度。单位为个 /cm 精确到 0.1 个 /cm，用平均值表示。根据以下标准确定种质的叶齿密度。有些栽培型乔木、小乔木特大叶和大叶类茶树，大锯齿上长有小锯齿，即出现重锯齿，则按密齿计。

稀：密度＜ 2.5 个 /cm。

中：2.5 个 /cm ≤密度＜ 4 个 /cm。

密：密度≥ 4 个 /cm。

17. 叶齿深度

于 10—11 月取当年生枝条中部典型成熟叶片，每株 2 片，共取 10 片。观察叶缘中部锯齿的深度，确定样品的叶齿深度。以样品中概率最大的描述代码为种质的叶齿深度。有些栽培型乔木、小乔木特大叶和大叶类茶树，大锯齿上长有小锯齿，即出现重锯齿，则按深齿计。

①浅；②中；③深。

深　　　　　　　　　　中　　　　　　　　　　浅

18. 叶　基

于 10—11 月取茶树当年生枝条中部典型成熟叶片，每株 2 片，共取 10 片。观察叶片基部的形态，判定样品的叶基。以样品中概率最大的描述代码为种质的叶基。

①楔形；②近圆形。

楔形　　　　　　　　　　近圆形

19. 叶　尖

于 10—11 月取当年生枝条中部典型成熟叶片，每株 2 片，共取 10 片。观察叶

7

片端部的形态，判定样品的叶尖。以样品中概率最大的描述代码为种质的叶尖。当两个描述代码概率相等时，则用两个描述代码作为种质的叶尖。如某种质"渐尖"占 40%，"钝尖"占 40%，"钝尖"和"圆尖"各占 10% 时，则以"渐尖；钝尖"表示。

①急尖；②渐尖；③钝尖；④圆尖。

急尖　　　　　渐尖　　　　　钝尖　　　　　圆尖

20. 叶　缘

于 10—11 月取当年生枝条中部典型成熟叶片，每株 2 片，共取 10 片。观察叶片边缘的形态确定样品的叶缘。观察时由 2 人同时判断，以样品中概率最大的描述代码为种质的叶缘。

①平；②微波；③波。

平　　　　　　微波　　　　　　波

21. 盛花期

于 10—11 月观察 5 ～ 15 年生自然生长茶树。每株随机观察 10 朵花蕾，有性繁殖资源观察 10 株，无性繁殖资源观察 5 株。当占总数 50% 的花朵已达自然开放时即为盛花期，用月 / 旬表示。幼龄和老龄茶树不宜取样，只做一次性观察。

22. 花冠直径

在盛花期，随机取发育正常花瓣已完全开放的花朵 10 个，"十"字形测量花冠直径的平均长度。单位为 cm，精确到 0.1 cm，用平均值表示。

23. 花瓣数

在盛花期，随机取发育正常花瓣已完全开放的花朵 10 个，计数每朵花的花瓣数。单位为枚，精确到整数位，用平均值表示。外轮与萼片连生的花瓣形态有时介于两者之间，应计入花瓣数。

24. 子房茸毛

在盛花期，随机取发育正常花瓣已完全开放的花朵 10 个，观察每朵花的子房茸毛状况，确定种质的子房茸毛。

① 无；② 有。

25. 柱头开裂数

在盛花期，随机取发育正常花瓣已完全开放的花朵 10 个，观测每朵花的柱头开裂数。单位为裂，精确到整数位。

26. 果实形状

在果实成熟期的 10—11 月，随机摘取发育正常的果实 20 个，及时观察果实形状。参照果实模式图确定样品的果实形状，以样品中概率最大的描述代码为种质的果实形状。

① 球形；② 肾形；③ 三角形；④ 四方形；⑤ 梅花形。

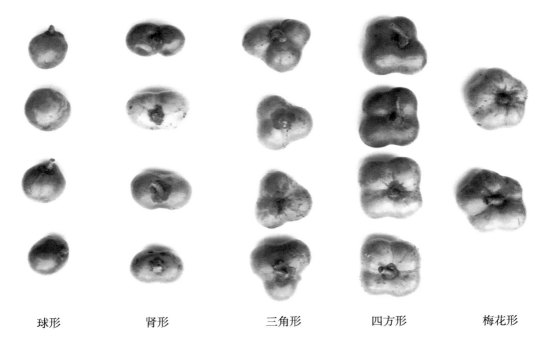

| 球形 | 肾形 | 三角形 | 四方形 | 梅花形 |

27. 果实大小

在果实成熟期的 10—11 月，随机摘取发育正常的果实 20 个，"十"字形测量果实的平均直径。精确到 0.1 cm，用平均值表示。

28. 果皮厚度

在果实成熟期的 10—11 月，随机摘取发育正常的果实 20 个，果实采收后在室内阴凉处摊放 15～20 d，再测量干果皮中部边缝的厚度。单位为 cm，精确到 0.1 cm，用平均值表示。鲜果和干果，果皮中部和两端厚度差异很大，必须按规定的时间和部位测量。

29. 种子形状

在果实成熟期的 10—11 月，摘取发育正常的果实，果实采收后在室内阴凉处摊放 15～20 d，待果皮自然开裂种子脱落后，随机取成熟饱满种子 10 粒，观察种子形状。参考种子形状模式图确定样品的种子形状，以样品中概率最大的描述代码为种质的种子形状。

① 球形；② 半球形；③ 锥形；④ 似肾形；⑤ 不规则形。

30. 种径大小

在果实成熟期的 10—11 月，摘取发育正常的果实，果实采收后在室内阴凉处摊放 15 ～ 20 d，待果皮自然开裂种子脱落后，随机取成熟饱满种子 10 粒，"十"字形测量平均直径。单位为 cm，精确到 0.1 cm，用平均值表示。

31. 种皮色泽

在果实成熟期的 10—11 月，摘取发育正常的果实，果实采收后在室内阴凉处摊放 15 ～ 20 d，待果皮自然开裂种子脱落后，随机取成熟饱满种子 10 粒，观察种皮色泽，确定样品的种皮色泽。观察时由 2 人同时判断，以样品中概率最大的描述代码为种质的种皮色泽。

① 棕色；② 棕褐色；③ 褐色。

32. 百粒重

在果实成熟期的 10—11 月，摘取发育正常的果实，果实采收后在室内阴凉处摊放 15 ～ 20 d，待果皮自然开裂种子脱落后，随机取成熟饱满种子 100 粒称重。单位为 g，精确到 0.1 g。种子含水量直接影响到百粒重，刚成熟种子的含水量在 35% 左右，故在果实采收后 20 d 内必须进行称重。

33. 抗　性

茶小绿叶蝉

采用田间调查法。于小绿叶蝉发生盛期（5 月和 10 月），于清晨露水未干时田间检查每个品种 60 个新梢上的若虫数量，计算各品种叶蝉百梢若虫数量，以各品种叶蝉百梢若虫数量与平均百梢若虫数量的比值即平均虫量比值来评价各品种对小绿叶蝉的相对抗性。根据平均虫量比值，对小绿叶蝉的抗性分以下 5 个级别。

抗性强：虫量比值≤ 0.5。

抗性较强：0.5 <虫量比值≤ 0.9。

抗性中等：0.9 <虫量比值≤ 1.1。

抗性较弱：1.1 <虫量比值≤ 1.5。

抗性弱：虫量比值＞ 1.5。

2014 年秋季和 2015 年春季，以百梢若虫数量为指标初步调查了福建省主栽茶树品种对小绿叶蝉的抗虫性差异，以 4 次调查的平均虫量比值进行抗性评价。

茶橙瘿螨

采用田间调查法。于茶橙瘿螨发生盛期（5月），田间检查每个品种芽下第三叶 10 张，检查叶背的茶橙瘿螨螨口数量，并测量叶面积，计算各品种茶橙瘿螨数 / cm^2。以各品种螨口数量 / cm^2 与平均螨口数量 / cm^2 的比值，即平均螨量比值来评价各品种对茶橙瘿螨的相对抗性。根据平均螨量比值，对茶橙瘿螨的抗性分以下 5 个级别。

抗性强：螨量比值 ≤ 0.4。

抗性较强：0.4 < 螨量比值 ≤ 0.8。

抗性中等：0.8 < 螨量比值 ≤ 1.2。

抗性较弱：1.2 < 螨量比值 ≤ 3.0。

抗性弱：螨量比值 > 3.0。

2015 年春季，以每平方厘米叶面积螨口数量为指标初步开展了福建省主栽茶树品种对茶橙瘿螨的抗性调查，以 4 次调查的平均螨量比值进行抗性评价。

其他病虫害

病害于 2014 年、2015 年秋季，参照《福建茶树病虫害与天敌图谱》进行田间目测调查。其他虫害情况根据生产反映进行描述。

34. 适制茶类

样品加工后 20 d 左右按 "GBT 23776—2009 茶叶感官审评方法"进行感官审评，以 5 项因子加权后总分（单位为分，精确到 0.1 分）最高的一批次来确定该资源的适制茶类、品质得分、香气和滋味特征。

绿茶：烘青绿茶 5 项因子的加权系数是：外形 20%，汤色 10%，香气 30%，滋味 30%，叶底 10%。审评分与对照品种样茶审评分相比，达到或超过为最适合，低于 0.1 ~ 2.0 分为适合，低于 2.1 ~ 4.0 分为较适合，低于 4.0 分以上为不适合。

红茶：工夫红茶 5 项因子的加权系数是：外形 25%，汤色 10%，香气 25%，滋味 30%，叶底 10%。审评分与对照品种样茶审评分相比，达到或超过为最适合，低于 0.1 ~ 2.0 分为适合，低于 2.1 ~ 4.0 分为较适合，低于 4.0 分以上为不适合。

乌龙茶：5 项因子的加权系数是：外形 20%，汤色 5%，香气 30%，滋味 35%，叶底 10%。审评分与对照相比，达到或超过为最适合，低于 0.1 ~ 3.0 分为适合，低于 3.1 ~ 6.0 分为较适合，低于 6.0 分以上为不适合。

白茶：5 项因子的加权系数是：外形 25%，汤色 10%，香气 25%，滋味 30%，叶底 10%。审评分与对照相比，达到或超过为最适合，低于 0.1 ~ 3.0 分为适合，低于 3.1 ～ 6.0 分为较适合，低于 6.0 分以上为不适合。

不适制：多为野生型茶树或近缘种。

注意事项：茶样感官审评得分高低决定着品质的优劣和茶类的适制性，而样品又受芽叶采摘嫩度、加工工艺等影响，并且感官审评也有人为误差。故必须有 2 年以上的重复制样和审评，而且要求茶园管理水平和样品采制人员相对稳定。如果年度之间趋势不一致，则需要第 3 年重复鉴定。

35. 生化样品制备与检测

春季采摘第一批一芽二叶标准新梢（鱼叶以上生长健康的一芽二叶）进行蒸青固样（鲜叶薄摊，于沸腾的液化气蒸锅内蒸 1 min，取出后迅速用电风扇吹干表面水，之后于 80℃烘干箱内烘至足干，摊凉后密封包装备用），样品送农业部茶叶质量监督检验测试中心等检测（GB/T 8305—2002 茶水浸出物测定；GB/T 8313—2008 茶　茶多酚测定；GB/T 8312—2002 茶　咖啡碱测定；GB/T 8314—2002 茶　氨基酸测定）。

36. 花粉扫描电镜观察

花粉是植物携带遗传信息的雄性生殖细胞，与其他组织器官相比其性状更稳定，环境因素对其形态特征的影响较小，因此植物的花粉形态及外壁结构因基因的不同各具特色。有花植物的花粉形态因其稳定性、保守性和可靠性而在植物分类、系统发育、起源与演化等方面得到广泛应用。因此，植物的花粉形态特征可用来研究种间的亲缘关系，尤其是植物花粉外壁的形态特征，不但具种属特异性，还对腐蚀及各种化学物质有抵抗力，因此，花粉外壁纹饰特征不仅可以作为种属鉴别的重要依据，还可以在某些方面反映植物种属间的演化关系，为研究植物的演化关系提供一定的参考价值。

于大蕾期采集各品种的花蕾数朵，装在牛皮纸袋中，回实验室后剥去花瓣，摊晒在牛皮纸上，真空干燥后，花粉撒落到纸上。花粉扫描电镜制样与观察在福建省农业科学院中心实验室电镜室进行。将花粉均匀撒到粘有双面胶的样品台上，用常规真空喷镀法喷金，扫描电镜下观测并拍照。

取有代表性的赤道面和极面、群体及外壁纹饰，分别在不同倍数状态下拍照，观察每种花粉的赤道面观、极面观、外壁纹饰及脊洼深浅、外壁穿孔、网眼大小、网脊等性状，在 Smile view 软件下测量花粉粒的沟长、赤道轴长、极轴长、沟末端距及其沟间距，每个品种测量 20 粒。花粉的描述主要参考 G. 埃尔特曼"孢粉学手册"、王开发"孢粉学概论"、中国科学院"中国热带亚热带被子植物花粉形态"、P.D摩尔"花粉分析指南"中的名词术语或所定标准。主要观测各品种花粉粒大小（极轴长 × 赤道轴长），萌发孔类型及极面观及外壁纹饰。

37. 茶区划分

通常将我国分为四大茶区，即江北茶区、江南茶区、华南茶区、西南茶区。

江北茶区： 位于长江中、下游北岸，南起长江，北至秦岭、淮河，西起大巴山，东至山东半岛，包括甘南、陕西、鄂北、豫南、皖北、苏北、鲁东南等地。江北茶区是我国最北的茶区，茶树大多为灌木型中叶种和小叶种，主产绿茶。茶区年平均气温为 15 ～ 16℃，冬季绝对最低气温一般为 -10℃左右。年降水量较少，为 700 ～ 1 000 mm，且分布不匀，常使茶树受旱。江北茶区地形较复杂，土壤多属黄棕壤或棕壤，是中国南北土壤的过渡类型，不少茶区酸碱度略偏高，但少数山区，有良好的微域气候，故茶的质量亦不亚于其他茶区，如六安瓜片、信阳毛尖等。

江南茶区： 位于中国长江中、下游南部，长江以南，大樟溪、雁石溪、梅江、连江以北，包括粤北、桂北、闽中北、湘、浙、赣、鄂南、皖南、苏南等地均属江南茶区，包括浙江、湖南、江西等省和皖南、苏南、鄂南等地，为中国茶叶主要产区，年产量大约占全国总产量的 2/3。主产茶类有绿茶、红茶、黑茶、花茶以及品质各异的特种名茶，诸如西湖龙井、黄山毛峰、洞庭碧螺春、君山银针、庐山云雾等。多处于低丘低山地区，也有海拔在 1 000 m 的高山，如浙江的天目山、福建的武夷山、江西的庐山、安徽的黄山等，这些地区气候四季分明，年平均气温为 15 ～ 18℃，冬季气温一般在 -8℃。年降水量 1 400 ～ 1 600 mm，春夏季雨水最多，占全年降水量的 60% ～ 80%，秋季干旱。茶区土壤主要为红壤，部分为黄壤或棕壤，少数为冲积壤。该茶区种植的茶树大多为灌木型中叶种和小叶种，以及少部分小乔木型中叶种和大叶种。江南茶区是发展绿茶、乌龙茶、花茶、名特茶的适宜区域。

华南茶区： 位于中国南部，大樟溪、雁石溪、梅江、连江、浔江、红水河、南盘江、无量山、保山、盈江以南，闽中南、台、粤中南、海南、桂南、滇南等范围内均属华南茶区，包括广东、广西壮族自治区（简称广西）、福建、中国台湾、海南等省（区），为中国最适宜茶树生长的地区。华南茶区内有乔木、小乔木、灌木等各种类型的茶树品种，茶资源极为丰富，生产红茶、乌龙茶、花茶、白茶和六堡茶等，所产大叶种红碎茶，茶汤浓度较大。除粤北和桂北等少数地区外，年平均气温为 19 ～ 22℃，最低月（一月）平均气温为 7 ～ 14℃，茶年生长期 10 个月以上，年降水量是中国茶区之最，一般为 1 200 ～ 2 000 mm，其中台湾省雨量特别充沛，年降水量常超过 2 000 mm。茶区土壤以赤红壤为主，部分地区也有红壤和黄壤分布，土层深厚，有机质含量丰富。

　　西南茶区：位于中国西南部，米仓山、大巴山以南，红水河、南盘江、盈江以北，神农架、巫山、方斗山、武陵山以西，大渡河以东的地区，包括黔、川、滇中北和藏东南范围均属西南茶区，包括云南、贵州、四川三省以及西藏自治区（以下称西藏）东南部，是中国最古老的茶区。茶树品种资源丰富，有灌木型和小乔木型茶树，部分地区还有乔木型茶树。主产红茶、绿茶、沱茶、紧压茶和普洱茶等，是中国发展大叶种红碎茶的主要基地之一。云贵高原为茶树原产地中心。地形复杂，大部分地区为盆地、高原，土壤类型亦多。在滇中北多为赤红壤、山地红壤和棕壤；在川、黔及藏东南则以黄为主，有少量棕壤，土壤有机质含量一般比其他茶区丰富，土壤状况也适合茶树生长。西南茶区内同纬度地区海拔高低悬殊，气候差别很大，大部分地区均属亚热带季风气候，冬不寒冷，夏不炎热。

第二章 国家认（鉴）定绿茶品种

福鼎大白茶

又名白毛茶，简称福大。无性系，小乔木型，中叶类，早生种。

产地与分布 原产于福建省福鼎市点头镇柏柳村，已有 100 多年的栽培史。1985 年，通过全国农作物品种审定委员会认定，编号 GS 13001—1985。

特征 植株较高大，树枝半开张，主干较明显，分枝较密。叶片呈上斜状着生，椭圆形，叶色绿，叶面隆起，有光泽，叶缘平，叶身平，叶尖钝尖，叶齿锐、较深、密，叶质较厚软。福安调查，始花期通常在 9 月下旬，盛花期 10 月中旬，花量多，结实率高。花冠直径 3.85 cm，花瓣 7～10 瓣，子房茸毛多，花柱 3 裂，花萼 4～6 片。果实为球形，果实直径 1.63 cm±0.24 cm，果皮厚度 0.06 cm±0.01 cm，种子为球形，种径 1.33 cm±0.11 cm，种皮棕褐色，百粒重 118.5 g±18.3 g。

特性 春季萌发期早，2010 年和 2011 年在福建福安社口观测，一芽二叶初展期分别出现于 3 月 24 日和 4 月 2 日。芽叶生育力强，发芽整齐、密度大，持嫩性强，黄绿色，茸毛特多，一芽三叶长 8.4 cm、一芽三叶百芽重 63.0 g。在福建福安社口取样，2 年平均春茶一芽二叶含茶多酚 14.8%、氨基酸 4.0%、咖啡碱 3.3%、水浸出物 49.8%。产量高，每 667 m² 可产干茶 200 kg 以上。适制绿茶、红茶、白茶。制烘青绿茶，色翠绿，白毫多，香高爽似栗香，味鲜醇，是窨制花茶的优质原料；制工夫红茶，色泽乌润显毫，汤色红艳，香高味醇；制白茶，芽壮色白，香鲜味醇，是制作白毫银针、白牡丹的优质原料。

调查表明，福鼎大白茶平均叶蝉虫量比值为 0.9～1.3，该品种对小绿叶蝉的抗性较弱；该品种平均螨量比值为 0.1，对茶橙瘿螨的抗性强；见有轮斑病、红锈藻病、云纹叶枯病。适应性广。扦插繁殖力强，成活率高。

适栽地区 长江南北及华南绿茶茶区。

栽培要点 选择土层深厚茶园种植。注意增施有机肥，分批留叶采，注意采养结合。第二轮新梢（"二春茶"）易受小绿叶蝉为害，应注意防治。

SSR 指纹图谱

引物	TP 5138	TP 1683	A 134	CS R88	CSR 994	CSR 1391	CSR 1381
条带	0100	0011	00001	00010	0101	00110	010

福鼎大毫茶

简称大毫，又名大号大白茶。无性系，小乔木型，大叶类，早生种。

产地与分布 原产于福建省福鼎市点头镇汪家洋村，已有 100 多年栽培史。1985 年通过全国农作物品种审定委员会认定，编号 GS 13002—1985。

特征 植株高大，树姿较直立，分枝较密。叶片呈水平或下垂状着生，椭圆形或近长椭圆形，叶色绿，富光泽，叶面隆起，叶缘微波，叶身稍内折，叶尖渐尖，叶齿锐、浅、较密，叶质厚脆。福安调查，始花期通常在 10 月上旬，盛花期在 10 月中、下旬，花量中等偏多，结实率极低。花冠直径 4.75 cm，花瓣 7 瓣，子房茸毛多，花柱 3 裂，花萼 5 片。果实为球形，果实直径 1.8 cm±0.23 cm，果皮厚 0.09 cm±0.04 cm，种子球形，种径 1.51 cm±0.26 cm，种皮为棕色，百粒重 90.5 g±13.7 g。

特性 春季萌发期早，2010 年和 2011 年在福建福安社口观测，一芽二叶初展期分别出现于 3 月 23 日和 4 月 1 日。芽叶生育力较强，发芽整齐，持嫩性较强，黄绿色，肥壮，茸毛特多，一芽三叶长 10.4 cm、一芽三叶百芽重 104.0 g。在福建福安社口取样，2 年平均春茶一芽二叶含茶多酚 17.3%、氨基酸 5.3%、咖啡碱 3.2%、水浸出物 47.2%。产量高，每 667 m² 可产干茶 200～300 kg。适制绿茶、红茶、白茶，是制作白毫银针、白牡丹和福建绿雪芽的优质原料。

调查表明，福鼎大毫茶平均叶蝉虫量比值为 0.63～0.91，该品种对小绿叶蝉的抗性较强；该品种平均螨量比值为 0.05，对茶橙瘿螨的抗性强；见有红锈藻病及较严重的轮斑病。适应性广。扦插繁殖力强，成活率高。

适栽地区 我国长江南北及华南茶区。

栽培要点 选择土层深厚茶园种植，适当增加种植密度，幼龄茶园适时定剪 3～4 次，促进高产树冠形成，及时分批嫩采。

SSR 指纹图谱

引物	TP 5138	TP 1683	A 134	CSR 88	CSR 994	CSR 1391	CSR 1381
条带	0100	0110	00001	00110	0101	00110	010

福安大白茶

又名高岭大白茶。无性系，小乔木型，大叶类，早生种。

产地与分布　原产于福安市康厝乡高山村。20 世纪 70 年代后主要分布于福建东部、北部茶区，皖、湘、鄂、黔、浙、赣、苏、川等地有引种。1985 年通过全国茶树品种审定委员会认定，编号 GS 13003—1985。

特征　植株高大，树姿半开张，主干明显，分枝较密。叶片呈稍上斜状着生，长椭圆形，叶色深绿，富光泽，叶面平，叶身内折，叶缘平，叶尖渐尖，叶齿较锐、浅、密，叶质厚脆。福安调查，始花期通常在 10 月上旬，盛花期在 10 月下旬，花量中等，几乎不结实。花冠直径 3.8 cm，花瓣 7 ～ 8 瓣，子房茸毛多，花柱 3 裂。

特性　春季萌发期早，2010 年和 2011 年在福建福安社口观测，一芽二叶初展期分别出现于 3 月 26 日和 4 月 4 日。芽叶生育力强，持嫩性较强，黄绿色，茸毛较多，一芽三叶长 10.3 cm、一芽三叶百芽重 98.0 g。在福建福安社口取样，2 年平均春茶一芽二叶含茶多酚 15.5%、氨基酸 6.1%、咖啡碱 3.4%、水浸出物 51.3%。产量高，每 667 m² 可产干茶 300 ～ 400 kg。适制绿茶、白茶、红茶。制作烘青绿茶，色灰绿显毫，香高似栗香，味鲜浓，是窨制花茶的优质原料；制作工夫红茶，条索肥壮紧实，显毫，色泽乌润，香高味浓；制白茶，芽壮毫显，香鲜味醇。

调查表明，福安大白茶平均叶蝉虫量比值为 0.59 ～ 0.98，该品种对小绿叶蝉的抗性较强；该品种平均螨量比值为 0.05，对茶橙瘿螨的抗性强；见有较严重的轮斑病和红锈藻病。抗寒、抗旱能力强。扦插繁殖力强，成活率高。

适栽地区　长江南北茶区。

栽培要点　选择土壤通透性良好的苗地扦插育苗。选择土层深厚的园地双行双株种植，及时定剪 3 ～ 4 次，幼龄茶园多留侧枝。及时嫩采。

SSR 指纹图谱

引物	TP 5138	TP 1683	A 134	CSR 88	CSR 994	CSR 1391	CSR 1381
条带	0111	0011	00001	00110	0101	01000	011

政和大白茶

简称政大。无性系，小乔木型，大叶类，晚生种。

产地与分布　原产于政和县铁山乡，已有 100 多年栽培史。主要分布于福建北部、东部茶区。20 世纪 60 年代后，广东、浙江、江西、安徽、湖南、四川等省有引种。1985 年通过全国农作物品种审定委员会认定，编号 GS 13005—1985。

特征　植株高大，树姿直立，主干显，分枝稀。叶片呈水平状着生，椭圆形，叶色深绿，富光泽，叶面隆起，叶身平，叶缘微波，叶尖渐尖，叶齿较锐、深、密，叶质厚脆。福安调查，始花期通常在 10 月上旬，盛花期在 11 月上旬，花量中等，几乎不结实。花冠直径 4.8 cm，花瓣 6～8 瓣，子房茸毛多，花柱 3 裂，花萼 5～8 片。花粉粒大小（极轴长 × 赤道轴长）54.61 μm×31.69 μm，萌发孔为 3 孔沟，极面观近圆形；外壁纹饰拟网状，网脊隆起，宽窄不均，由小块密集而成，脊面较光滑，网眼较小，呈圆形或不规则形状，穿孔较多，脊洼较深。

特性　春季萌发期迟，2010 年和 2011 年在福建福安社口观测，一芽二叶初展期分别出现于 4 月 8 日和 4 月 17 日。芽叶生育力较强，芽叶密度较稀，持嫩性强，黄绿带微紫色，茸毛特多，一芽三叶长 10.7 cm、一芽三叶百芽重 123.0 g。在福建福安社口取样，2 年平均春茶一芽二叶含茶多酚 13.5%、氨基酸 5.9%、咖啡碱 3.3%、水浸出物 46.8%。产量高，每 667 m² 产干茶 150 kg 以上。适制红茶、绿茶、白茶。制作工夫红茶，条索肥壮重实，色泽乌润，毫多，香高似罗兰香，味浓醇，汤色红艳，金圈厚，是制作政和工夫的优质原料；制作烘青绿茶，条索壮实，色翠绿，白毫多，香清高，味浓厚，是窨制花茶的优质原料；制作白茶，外形肥壮，白毫密披，色白如银，香清鲜，味甘醇，是白毫银针、福建雪芽、白牡丹的优质原料。

调查表明，政和大白茶平均叶蝉虫量比值为 1.82～2.55，该品种对小绿叶蝉的抗性弱；该品种平均螨量比值为 0.03，对茶橙瘿螨的抗性强；见有云纹叶枯病，较严重的红锈藻病。抗寒、抗旱能力较强，适应性较强。扦插与定植成活率高。

适栽地区　江南茶区。

栽培要点　缩小种植行距，增加种植株数，压低定剪高度，增加定剪次数，促进分枝。采摘茶园增施有机肥，及时分批留叶采摘，适度嫩采。适当留养秋梢叶。

SSR 指纹图谱

引物	TP 5138	TP 1683	A 134	CSR 88	CSR 994	CSR 1391	CSR 1381
条带	0010	0001	00101	00010	0110	00100	011

福云 6 号

无性系，小乔木型，大叶类，特早生种。

来源与分布　由福建省农业科学院茶叶研究所于 1957—1971 年从福鼎大白茶与云南大叶茶自然杂交后代中采用单株育种法育成（闽认茶 1985012）。福建及广西、浙江有较大面积栽培。湖南、江西、四川、贵州、安徽、江苏、湖北等省有引种。1987 年通过全国农作物品种审定委员会认定，编号 GS 13033—1987。

特征　植株高大，树姿半开张，主干显，分枝较密。叶片呈水平或稍下垂状着生，长椭圆形或椭圆形，叶色绿，有光泽，叶面平或微隆起，叶缘平或微波，叶身稍内折或平，叶尖渐尖，叶齿稍钝、浅、密，叶质较厚软。福安调查，始花期通常在 9 月下旬，盛花期 10 月中旬，花量多，结实率较高。花冠直径 3.5 cm，花瓣 6 瓣，子房茸毛多，花柱 3 裂，花萼 5 片。果实为球形，果实直径 2.18 cm±0.26 cm，果皮厚 0.083 cm±0.01 cm，种子球形，种径 1.32 cm±0.19 cm，种皮为棕色，百粒重 108.58 g±5.18 g。

特性　春季萌发期早，2010 年和 2011 年在福建福安社口观测，一芽二叶初展期分别出现于 3 月 15 日和 3 月 24 日。芽叶生育力强，发芽密，持嫩性较强，淡黄绿色，茸毛特多，一芽三叶长 9.1 cm、一芽三叶百芽重 69.0 g。在福建福安社口取样，2 年平均春茶一芽二叶含茶多酚 14.9%、氨基酸 4.7%、咖啡碱 2.9%、水浸出物 45.1%。产量高，每 667 m² 可产干茶 200 ～ 300 kg。适制绿茶、红茶、白茶。制工夫红茶，色泽乌润显毫，香清高，味醇和；制烘青绿茶，条索紧细，色泽绿带淡黄，白毫多，香清味醇；制白茶，芽壮毫多色白。

调查表明，福云 6 号平均叶蝉虫量比值为 0.97 ～ 1.05，该品种对小绿叶蝉的抗性中等；该品种平均螨量比值为 8.08，对茶橙瘿螨的抗性弱；见有轮斑病、藻斑病、茶赤叶斑病、炭疽病。抗旱性强，抗寒性较强。扦插繁殖力强，成活率高。

适栽地区　江南茶区。

栽培要点　选择中低海拔园地种植，避免早春嫩梢遭受晚霜冻害。幼龄茶园适时并适当增加定剪次数。

SSR 指纹图谱

引物	TP 5138	TP 1683	A 134	CSR 88	CSR 994	CSR 1391	CSR 1381
条带	0110	0010	00001	00110	0011	00101	010

福云 7 号

无性系，小乔木型，大叶类，早生种。

来源与分布　由福建省农业科学院茶叶研究所于 1957—1971 年从福鼎大白茶与云南大叶茶自然杂交后代中采用单株育种法育成（闽认茶 1985013）。福建茶区有较大面积栽培。湖南、浙江、贵州、四川等省有引种。1987 年通过全国农作物品种审定委员会认定，编号 GS 13034—1987。

特征　植株高大，树姿较直立，主干明显，分枝较密。叶片呈水平状着生，长椭圆形或椭圆形，叶色黄绿，富光泽，叶面平或微隆起，叶身平，叶缘平，叶尖渐尖，叶齿较钝、深、密，叶质较厚软。福安调查，始花期通常在 9 月下旬，盛花期 10 月中旬，花量中等，结实率低。花冠直径 3.8 cm，花瓣 6 瓣，子房茸毛多，花柱 3 裂，花萼 5 片。果实为球形，果实直径 2.23 cm±0.17 cm，果皮厚 0.07 cm±0.02 cm，种子为球形，种径 1.5 cm±0.07 cm，种皮为棕褐色，百粒重 45.5 g±5.2 g。

特性　春季萌发期早，2010 年和 2011 年在福建福安社口观测，一芽二叶初展期分别出现于 3 月 27 日和 4 月 5 日。芽叶生育力强，发芽较密，持嫩性强，黄绿色，茸毛多，一芽三叶长 10.5 cm、一芽三叶百芽重 95.0 g。在福建福安社口取样，2 年平均春茶一芽二叶含茶多酚 13.6%、氨基酸 4.0%、咖啡碱 4.1%、水浸出物 48.9%。产量高，每 667 m² 可产干茶 200 ～ 300 kg。适制红茶、绿茶、白茶。制工夫红茶，条索肥壮，色泽乌润显毫，香高味浓；制烘青绿茶，条索肥壮，色黄绿，白毫多，香高长，味醇厚，是窨制花茶的优质原料；制白茶，芽壮，毫多，香清爽，味醇和。

调查表明，福云 7 号平均叶蝉虫量比值为 1.0 ～ 1.17，该品种对小绿叶蝉的抗性较弱；该品种平均螨量比值为 0.53，对茶橙瘿螨的抗性较强；见有云纹叶枯病、芽枯病。抗寒、旱能力较强。扦插繁殖力强，成活率较高。

适栽地区　江南茶区。

栽培要点　选择土层深厚的园地种植，增加种植密度。幼龄茶园适时定剪 3 ～ 4 次，促进分枝，提高发芽密度。及时分批嫩采。

SSR 指纹图谱

引物	TP 5138	TP 1683	A 134	CSR 88	CSR 994	CSR 1391	CSR 1381
条带	0100	0011	01001	00011	0110	00100	011

福云 10 号

无性系，小乔木型，中叶类，早生种。

来源与分布　由福建省农业科学院茶叶研究所于 1957—1971 年从福鼎大白茶与云南大叶茶自然杂交后代中采用单株育种法育成（闽认茶 1985015）。主要分布在福建茶区。湖南、浙江、贵州、四川等省有引种。1987 年通过全国农作物品种审定委员会认定，编号 GS 13035—1987。

特征　植株较高大，树姿半开张，分枝较密。叶片呈稍上斜或水平状着生，椭圆形，叶色深绿，富光泽，叶面微隆起，叶身稍内折或平，叶缘平，叶尖骤尖，叶齿稍锐、深、密，叶柄有紫红色点，叶质较薄软。在福安调查，始花期通常在 9 月下旬，盛花期 10 月中旬，花量较多，结实率较高。花冠直径 3.3 cm，花瓣 7～8 瓣，子房茸毛多，花柱 3 裂，花萼 5 片。果实为球形或肾形，果实直径 2.07 cm±0.31 cm，果皮厚 0.07 cm±0.019 cm，种子为球形，种径 1.48 cm±0.16 cm，种皮为棕色，百粒重 194.62 g±16.0 g。

特性　春季萌发期早，2010 年和 2011 年在福建福安社口观测，一芽二叶初展期分别出现于 3 月 25 日和 4 月 3 日。芽叶生育力强，发芽密，持嫩性强，淡绿色，茸毛多，一芽三叶长 9.1 cm、一芽三叶百芽重 95.0 g。在福建福安社口取样，2 年平均春茶一芽二叶含茶多酚 14.7%、氨基酸 4.3%、咖啡碱 3.1%、水浸出物 46.3%。产量高，每 667 m² 产干茶 200～300 kg。适制红茶、绿茶、白茶。制工夫红茶，条索细秀，色乌润，白毫多，香高味浓；制烘青绿茶，条索紧细，色翠绿，白毫多，香高味厚，是窨制花茶的优质原料。

调查表明，福云 10 号平均叶蝉虫量比值为 1.73～2.07，该品种对小绿叶蝉的抗性弱；该品种平均螨量比值为 2.25，对茶橙瘿螨的抗性较弱；见有轮斑病、赤叶斑病。抗寒、抗旱能力较强。扦插与定植成活率高。

适栽地区　江南茶区。

栽培要点　选择中低海拔园地种植，避免早春嫩梢遭受晚霜冻害。适当增加种植密度与定剪次数。

SSR 指纹图谱

引物	TP 5138	TP 1683	A 134	CSR 88	CSR 994	CSR 1391	CSR 1381
条带	0110	0010	00101	00011	0110	00100	011

霞浦春波绿

无性系，灌木型，中叶类，特早生种。

来源与分布　由福建省霞浦县茶业局从霞浦县溪南镇芹头茶场福鼎大白茶有性后代中采用单株育种法育成。1990 年以来，福建东部、中部，浙江东部茶区有引种。2010 年通过全国茶树品种鉴定委员会鉴定，编号国品鉴茶 2010001。

特征　植株较高大，树姿半开张，分枝密。叶片呈水平状着生，椭圆形，叶色深绿，富光泽，叶面平，叶身平，叶缘平，叶尖渐尖，叶齿较锐、浅、密，叶质较厚软。福安调查，始花期通常在 10 月上旬，盛花期在 10 月下旬，花量较多，结实率较高。花冠直径 3.4 cm，花瓣 6 瓣，子房茸毛多，花柱 3 裂。果实为肾形，果实直径 1.68 cm±0.20 cm，果皮厚度 0.07 cm±0.02 cm，种子为球形或半球形，种径 1.25 cm±0.12 cm，种皮为棕色，百粒重 123.94 g±14.0 g。

特性　春季萌发期特早，2010 年和 2011 年在福建福安社口观测，一芽二叶初展期分别出现于 3 月 7 日和 3 月 15 日。芽叶生育力强，发芽密，持嫩性强，淡绿色，茸毛较多，节间短，一芽三叶百芽重 54.4 g。在福建福安社口取样，2 年平均春茶一芽二叶含茶多酚 17.2%、氨基酸 4.0%、咖啡碱 3.1%、水浸出物 42.7%。产量高，每 667 m² 产干茶达 200 kg。适制绿茶、红茶。制绿茶，色泽绿，条索紧实，毫锋显，香气高爽，味醇厚鲜爽；制工夫红茶，香高味醇。

调查表明，霞浦春波绿平均叶蝉虫量比值为 0.65～0.78，该品种对小绿叶蝉的抗性较强；该品种平均螨量比值为 3.31，对茶橙瘿螨的抗性弱；见有轮斑病、云纹叶枯病。抗旱性与抗寒性强。扦插繁殖力强，成活率高。

适栽地区　福建、浙江、四川、湖南及相似茶区。

栽培要点　选择土层深厚的园地种植。加强茶园肥水管理，适时进行 3 次定剪。要分批留叶采摘，采养结合。

SSR 指纹图谱

引物	TP 5138	TP 1683	A 134	CSR 88	CSR 994	CSR 1391	CSR 1381
条带	0110	0001	00001	00100	0110	00100	011

第三章　国家审（认、鉴）定乌龙茶品种

梅　占

又名大叶梅占。无性系，小乔木型，中叶类，中生种。

产地与分布　原产于福建省安溪县芦田镇三洋村，已有 100 多年栽培史。主要分布在福建南部、北部茶区。20 世纪 60 年代后，福建全省和中国台湾、广东、江西、浙江、安徽、湖南、湖北、江苏、广西等省（区）有引种栽培。1985 年通过全国农作物品种审定委员会认定，编号 GS 13004—1985。

特征　植株较高大，树姿直立，主干较明显，分枝密度中等。叶片呈水平状着生，长椭圆形，叶色深绿，富光泽，叶面平，叶缘平，叶身内折，叶尖渐尖，叶齿较锐、浅、密，叶质厚脆。福安调查，始花期通常在 10 月中旬，盛花期 11 月中旬，花量较多，结实率极低。花冠直径 4.1 cm，花瓣 5～8 瓣，子房茸毛中等，花柱 3 裂，花萼 5 片。花粉粒大小（极轴长×赤道轴长）50.49 μm×30.76 μm，萌发孔为 3 孔沟，极面观近三角形；外壁纹饰拟网状，网脊隆起，宽窄不均，由大块密集而成，脊面呈波浪状，网眼较小，呈圆形，穿孔较少，脊洼较深，有少量穿孔。果实为球形，果实直径 1.8 cm，果皮厚 0.083 cm，种子球形，种径 1.35 cm，种皮为棕色，百粒重 105.3 g。

特性　春季萌发期中偏迟，2010 年和 2011 年在福建福安社口观测，一芽二叶初展期分别出现于 3 月 20 日和 4 月 5 日。芽叶生育力强，发芽较密，持嫩性较强，绿色，茸毛较少，节间长，一芽三叶长 12.1 cm、一芽三叶百芽重 103.0 g。在福建福安社口取样，2 年平均春茶一芽二叶含茶多酚 16.5%、氨基酸 4.1%、咖啡碱 3.9%、水浸出物 51.7%。产量高，每 667 m² 产乌龙茶干茶 200～300 kg。适制乌龙茶、绿茶、红茶。制作红茶，香高似兰花香，味厚；制作炒青绿茶，香气高锐，滋味浓厚；制作乌龙茶，香味独特。

调查表明，梅占平均叶蝉虫量比值为 0.75～1.57，该品种对小绿叶蝉的抗性较弱；该品种平均螨量比值为 0.09，对茶橙瘿螨的抗性强；见有轮斑病、红锈藻病、圆赤星病。抗旱性、抗寒性较强。扦插繁殖力强，成活率高。

适栽地区　江南茶区。

栽培要点　选择土层深厚的园地种植。增加种植密度，适时进行 3～4 次定剪，促进分枝，提高发芽密度。芽梢生长迅速并易粗老，应及时分批留叶采。

SSR 指纹图谱

引物	TP 5138	TP 1683	A 134	CSR 88	CSR 994	CSR 1391	CSR 1381
条带	0111	1010	00101	00110	1011	11100	011

毛　蟹

又名茗花。无性系，灌木型，中叶类，中生种。

产地与分布　原产于福建省安溪县大坪乡福美村，有近百年栽培史。主要分布在福建南部。20世纪60年代后，福建全省和广东、江西、湖南、浙江、湖北、安徽等省有引种。1985年通过全国农作物品种审定委员会认定，编号GS 13006—1985。

特征　植株中等，树姿半开张，分枝密。叶片呈上斜状着生，椭圆形，叶色深绿，有光泽，叶面微隆起，叶缘微波或平，叶身平，叶尖渐尖，叶齿锐、深、密，叶厚质脆。福安调查，始花期通常在10月中旬，盛花期在11月上旬，开花量较多，结实率低。花冠直径4.4 cm，花瓣6～7瓣，子房茸毛多，花柱3裂，花萼5片。花粉粒大小（极轴长×赤道轴长）49.48 μm×27.28 μm，萌发孔为3孔沟，极面观裂圆形；外壁纹饰拟网状，网脊隆起，宽窄不均，由小块密集而成，脊面较光滑，网眼较小，呈圆形或不规则沟状，穿孔较多，脊洼较深。果实为球形，果实直径2.11 cm±0.35 cm，果皮厚度0.10 cm±0.02 cm，种子为球形，种径1.44 cm±0.30 cm，种皮为棕色，百粒重119.86 g±14.5 g。

特性　春季萌发期中偏迟，2010年和2011年在福建福安社口观测，一芽二叶初展期分别出现于3月21日和4月6日。芽叶生育能力强，发芽密而齐，芽梢肥壮，密披茸毛，节间较短，持嫩性较差，一芽三叶长9.5 cm，一芽三叶百芽重68.5 g。产量高，每667 m²产乌龙茶干茶200～300 kg。在福建福安社口取样，2年平均春茶一芽二叶含茶多酚14.7%、氨基酸4.2%、咖啡碱3.2%、水浸出物48.2%。适制乌龙茶、绿茶、红茶。制作乌龙茶，香清高，味醇和；制作红、绿茶，毫色显露，外形美观，香高味厚。成园较快，适应性广。

调查表明，毛蟹平均叶蝉虫量比值为0.87～1.20，该品种对小绿叶蝉的抗性中等；该品种平均螨量比值为0.1，对茶橙瘿螨的抗性强；见有轮斑病、圆赤星病、云纹叶枯病及较严重红锈藻病。抗旱性强，抗寒性较强。扦插繁殖力强，成活率高。

适栽地区　江南茶区。

栽培要点　以浅沟栽植为好，应及时采摘，适度留叶。耐肥性能好，多施肥结合勤采、合理采，更可获高产。

SSR 指纹图谱

引物	TP 5138	TP 1683	A 134	CSR 88	CSR 994	CSR 1391	CSR 1381
条带	0110	0010	00001	00110	1001	10100	011

铁观音

又名红心观音、红样观音、魏饮种。无性系，灌木型，中叶类，晚生种。

产地与分布 原产于福建省安溪县西坪镇松尧，已有 200 多年栽培史。主要分布在福建南部、北部乌龙茶茶区。中国台湾、广东等省乌龙茶茶区有栽种。1985 年通过全国农作物品种审定委员会认定，编号 GS 13007—1985。

特征 植株中等，树姿开张，分枝稀，枝条斜生。叶片呈水平状着生，椭圆形，叶色浓绿、光润，叶缘呈波浪状，叶身平或稍背卷，叶齿钝、中、稀，叶尖渐尖，叶质厚脆。福安调查，始花期通常在 10 月下旬，盛花期在 11 月中旬，开花量多，结实率高。花冠直径 3.2 cm，花瓣 6～8 瓣，子房茸毛中等，花柱 3 裂，花萼 5 片。花粉粒大小（极轴长 × 赤道轴长）48.93 μm×27.65 μm，萌发孔为 3 孔沟，极面观近圆形；外壁纹饰拟网状，网脊隆起，宽窄不均，由小块密集而成，脊面较光滑，网眼较小，呈圆形，穿孔较少，脊洼较浅。果实为肾形，果实直径 1.68 cm±0.20 cm，果皮厚 0.07 cm±0.02 cm，种子为球形或半球形，种径 1.25 cm±0.12 cm，种皮为棕色，百粒重 123.94 g±14.0 g。

特性 春季萌发期中偏迟，2010 年和 2011 年在福建福安社口观测，一芽二叶初展期分别出现于 3 月 21 日和 4 月 6 日。芽叶生育力较强，发芽较稀，持嫩性较强，绿带紫红色，肥壮，茸毛较少，一芽三叶长 8.9 cm、一芽三叶百芽重 60.5 g。在福建福安社口取样，2 年平均春茶一芽二叶含茶多酚 17.4%、氨基酸 4.7%、咖啡碱 3.7%、水浸出物 51.0%。产量较高，每 667 m² 产乌龙茶干茶 100 kg 以上。适制乌龙茶、绿茶。制作乌龙茶，香气馥郁悠长，滋味醇厚回甘，具有独特香气，俗称"观音韵"，为乌龙茶极品。

调查表明，铁观音平均叶蝉虫量比值为 0.78～0.89，该品种对小绿叶蝉的抗性较强；该品种平均螨量比值为 0.74，对茶橙瘿螨的抗性较强；见有赤叶斑病、圆赤星病。抗旱、抗寒性较强。扦插繁殖力较强，成活率较高。

适栽地区 乌龙茶茶区。

栽培要点 种植时施足基肥，增加种植密度，重施有机肥，适时定剪，采养结合。

SSR 指纹图谱

引物	TP 5138	TP 1683	A 134	CSR 88	CSR 994	CSR 1391	CSR 1381
条带	0100	0010	01001	00110	0110	01100	011

黄 棪

又名黄金桂、黄旦。无性系，小乔木型，中叶类，早生种。

产地与分布 原产于福建省安溪县虎邱镇罗岩美庄，已有 100 多年栽培史。主要分布在福建南部。福建全省和广东、江西、浙江、江苏、安徽、湖北、四川等省有较大面积引种。1985 年通过全国农作物品种审定委员会认定，编号 GS 13008—1985。

特征 植株中等，树姿较直立，分枝较密。叶片呈稍上斜状着生，椭圆形或倒披针形，叶色黄绿，富光泽，叶面微隆起，叶缘平或微波，叶身稍内折，叶尖渐尖，叶齿较锐、深、密，叶质较薄软。福安调查，始花期通常在 10 月上旬，盛花期在 11 月上旬，开花量较多。花冠直径 2.95 cm，花瓣 5 ～ 8 瓣，子房茸毛中等，花柱 3 裂，花萼 5 片。花粉粒大小（极轴长 × 赤道轴长）46.48 μm×25.85 μm，萌发孔为 3 孔沟，极面观近圆形；外壁纹饰拟网状，网脊隆起，宽窄不均，由小块密集而成，脊面较光滑，网眼较小，呈圆形或不规则沟状，穿孔较少，脊洼较浅。结实率较高；果实为肾形或三角形，果实直径 2.10 cm，果皮厚 0.075 cm，种子为球形，种径 1.48 cm，种皮为棕色，百粒重 95.8 g。

特性 春季萌发期早，2010 年和 2011 年在福建福安社口观测，一芽二叶初展期分别出现于 3 月 8 日和 3 月 24 日。芽叶生育力强，发芽密，持嫩性较强，黄绿色，茸毛较少，一芽三叶长 8.3 cm、一芽三叶百芽重 59.0 g。在福建福安社口取样，2 年平均春茶一芽二叶含茶多酚 16.2%、氨基酸 3.5%、咖啡碱 3.6%、水浸出物 48.0%。产量高，每 667 m² 产乌龙茶干茶 150 kg 左右。适制乌龙茶、绿茶、红茶。制作乌龙茶香气馥郁芬芳，俗称"透天香"，滋味醇厚甘爽；制作红茶、绿茶，条索紧细，香浓郁味醇厚，是制作特种绿茶和工夫红茶的优质原料。

调查表明，黄旦平均叶蝉虫量比值为 0.56 ～ 0.82，该品种对小绿叶蝉的抗性较强；该品种平均螨量比值为 0.13，对茶橙瘿螨的抗性强；见有轮斑病、云纹叶枯病、圆赤星病。抗旱、抗寒性较强。扦插与定植成活率较高。

适栽地区 江南茶区。

栽培要点 注意适时进行定剪，加强水肥管理，增施有机肥，要分批留叶采摘，采养结合。

SSR 指纹图谱

引物	TP 5138	TP 1683	A 134	CSR 88	CSR 994	CSR 1391	CSR 1381
条带	0001	0010	00101	00100	0101	01010	011

福建水仙

又名水吉水仙、武夷水仙。无性系，小乔木型，大叶类，晚生种。

产地与分布　原产于福建省建阳市小湖乡大湖村。已有 100 多年栽培史。主要分布于福建北部、南部。20 世纪 60 年代后，福建全省和中国台湾、广东、浙江、江西、安徽、湖南、四川等省有引种。1985 年通过全国农作物品种审定委员会认定，编号 GS 13009—1985。

特征　植株高大，树姿半开张，主干明显，分枝稀，叶片呈水平状着生，长椭圆形或椭圆形，叶色深绿，富光泽，叶面平，叶缘平稍呈波状，叶尖渐尖，锯齿较锐、深、密，叶质厚、硬脆。福安调查，始花期通常在 10 月上旬，盛花期 10 月下旬，花量少，结实率极低。花冠直径 4.05 cm，花瓣 7 瓣，子房茸毛多，花柱 3 裂。花粉粒大小（极轴长 × 赤道轴长）51.16 μm×29.40 μm，萌发孔为 3 孔沟，极面观近圆形；外壁纹饰拟网状，网脊隆起，宽窄不均，由小块密集而成，脊面较光滑，网眼较小，呈圆形，脊洼较深，有少量穿孔。果实为球形，果实直径 1.53 cm±0.19 cm，果皮厚度 0.15 cm±0.018 cm，种子为球形，种径 1.47 cm±0.14 cm，种皮为棕色，百粒重 109.44 g±6.06 g。

特性　春季萌发期迟，2010 年和 2011 年在福建福安社口观测，一芽二叶初展期分别出现于 3 月 26 日和 4 月 11 日。芽叶生育力较强，发芽密度稀，持嫩性较强，淡绿色，较肥壮，茸毛较多，节间长，一芽三叶百芽重 112.0 g。在福建福安社口取样，2 年平均春茶一芽二叶含茶多酚 17.6%、氨基酸 3.3%、咖啡碱 4.0%、水浸出物 50.5%。产量较高，每 667 m² 产乌龙茶干茶 150 kg。适制乌龙茶、红茶、绿茶、白茶。制作乌龙茶色翠润，条索肥壮，香高长似兰花香，味醇厚，回味甘爽；制作红茶、绿茶，条索肥壮，毫显，香高味浓；制作白茶，芽壮、毫多、色白，香清味醇。

调查表明，福建水仙平均叶蝉虫量比值为 1.28 ～ 1.39，该品种对小绿叶蝉的抗性较弱；该品种平均螨量比值为 0.17，对茶橙瘿螨的抗性强；见有红锈藻病、云纹叶枯病。抗寒、抗旱能力较强，适应性较强。扦插与定植成活率高。

适栽地区　江南茶区。

栽培要点　选择土壤通透性良好的苗地扦插育苗。选择土层深厚的园地双行双株种植，及时定剪 3 ～ 4 次。夏秋茶季易受螨类为害，应及时防治。

SSR 指纹图谱

引物	TP 5138	TP 1683	A 134	CSR 88	CSR 994	CSR 1391	CSR 1381
条带	0111	0010	00101	10100	0101	01100	011

本　山

无性系，灌木型，中叶类，中生种。有长叶本山和圆叶本山之分。

产地与分布　原产于安溪县西坪镇尧阳南岩。主要分布在福建南部、中部乌龙茶茶区。为安溪县主栽品种之一，各乡镇均有种植，主要分布于西坪、虎邱、芦田、龙涓、蓬莱、剑斗等乡镇。1985年通过全国农作物品种审定委员会认定，编号GS 13010—1985。

特征　植株中等，树姿开张，分枝较密。叶片呈水平状着生，椭圆形或长椭圆形，叶色绿，叶面隆起，叶身平，叶缘波状或微波状，叶尖渐尖，侧脉明显，叶齿稍钝、浅、稀，叶质较厚脆。福安调查，始花期通常在10月下旬，盛花期在11月中旬，开花量多，结实率高。花冠直径2.85 cm，花瓣6瓣，子房茸毛中等，花柱3裂，花萼5片。花粉粒大小（极轴长×赤道轴长）46.94 μm×25.70 μm，萌发孔为3孔沟，极面观裂圆形；外壁纹饰拟网状，网脊隆起，宽窄不均，由小块密集而成，脊面成波纹状，网眼较小，呈圆形椭圆形或不规则沟状，脊洼较深，穿孔较多。果实为球形，果实直径1.89 cm±0.30 cm，果皮厚0.06 cm±0.01 cm，种子为球形，种径1.37 cm±0.08 cm，种皮为棕褐色，百粒重121.46 g±5.03 g。

特性　春季萌发期中偏迟，2010年和2011年在福建福安社口观测，一芽二叶初展期分别出现于3月23日和4月8日。芽叶生育力较强，发芽较密，持嫩性较强，淡绿带紫红色，茸毛少，一芽三叶长9.3 cm、一芽三叶百芽重44.0 g。在福建福安社口取样，2年平均春茶一芽二叶含茶多酚14.5%、氨基酸4.1%、咖啡碱3.4%、水浸出物48.7%。产量较高，每667 m²产乌龙茶干茶100 kg以上。适制乌龙茶、绿茶。制作乌龙茶条索紧结，枝骨细，色泽褐绿润，香气浓郁高长，似桂花香，滋味醇厚鲜爽，品质优者有"观音韵"，近似铁观音的香味特征。

调查表明，本山平均叶蝉虫量比值为0.80～0.92，该品种对小绿叶蝉的抗性较强；该品种平均螨量比值为0.05，对茶橙瘿螨的抗性强；见有红锈藻病、芽枯病、赤叶斑病。抗旱性强，抗寒性较强。扦插繁殖力强，成活率高。

适栽地区　乌龙茶茶区。

栽培要点　宜缩减行株距，适度密植；嫩梢易粗老，应及时采摘。春季宜控制磷、钾肥施用量。

SSR 指纹图谱

引物	TP 5138	TP 1683	A 134	CSR 88	CSR 994	CSR 1391	CSR 1381
条带	0101	1010	00001	00110	0001	11000	011

大叶乌龙

又名大叶乌、大脚乌。无性系，灌木型，中叶类，中生种。

产地与分布　原产于福建省安溪县长坑乡珊屏田中，已有 100 多年栽培史。主要分布在福建南部、北部乌龙茶茶区，中国台湾、广东、江西等省有引种。1985 年通过全国农作物品种审定委员会认定，编号 GS 13011—1985。

特征　植株较高大，树姿半开张，分枝较密。叶片呈稍上斜或水平状着生，椭圆形，叶色深绿，叶面平，叶身稍内折，叶缘平整，叶尖钝尖，叶齿较钝、浅、密，侧脉欠明，叶质厚较脆。福安调查，始花期通常在 10 月中旬，盛花期 11 月中旬，花量中等，结实率较高。花冠直径 4.6 cm，花瓣 6 瓣，子房茸毛中等，花柱 3 裂，花萼 5 片。花粉粒大小（极轴长 × 赤道轴长）44.51 μm×27.33 μm，萌发孔为 3 孔沟，极面观裂圆形；外壁纹饰拟网状，网脊隆起，宽窄不均，由小块或是小颗粒密集而成，脊面波浪状，网眼较小，呈圆形，穿孔较少，脊洼较浅。果实为肾形，果实直径 2.20 cm，果皮厚 0.06 cm，种子为球形或半球形，种径 1.62 cm，种皮为棕色，百粒重 76.2 g。

特性　春季萌发期中偏迟，2010 年和 2011 年在福建福安社口观测，一芽二叶初展期分别出现于 3 月 23 日和 4 月 8 日。芽叶生育力较强，持嫩性较强，节间较短，绿色，茸毛少，一芽三叶长 9.5 cm、一芽三叶百芽重 75.0 g。在福建福安社口取样，2 年平均春茶一芽二叶含茶多酚 17.5%、氨基酸 4.2%、咖啡碱 3.4%、水浸出物 48.3%。产量较高，每 667 m² 产乌龙茶干茶 130 kg 以上。适制乌龙茶、绿茶、红茶。制作乌龙茶，色泽乌绿润，香气高，似栀子花香味，滋味清醇甘鲜。

调查表明，大叶乌龙平均叶蝉虫量比值为 0.81 ～ 1.02，该品种对小绿叶蝉的抗性较强；平均螨量比值为 0.09，该品种对茶橙瘿螨的抗性强；见有轮斑病及较严重的圆赤星病。抗旱性强，抗寒性较强。扦插繁殖力强，成活率高。

适栽地区　乌龙茶茶区。

栽培要点　选择土层深厚的园地，采用 1.50 m 大行距、40 cm 小行距、33 cm 丛距双行双株种植。加强茶园肥水管理，幼龄茶树适时进行 3 次定型修剪。宜分批及时采摘。干旱季节嫩梢易受螨类为害，应及时防治。

八仙茶

曾用名汀洋大叶黄棪。无性系，小乔木型，大叶类，特早生种。

来源与分布　由福建省诏安县科学技术委员会于 1965—1986 年从诏安县秀篆镇寨坪村群体中采用单株育种法育成。在福建、广东乌龙茶茶区有较大面积栽培。湖南、广西壮族自治区（以下简称广西）、四川等省（区）有引种。1994 年通过全国农作物品种审定委员会审定，编号 GS 13012—1994。

特征　植株较高大，树姿半开张，主干较明显，分枝较密。叶片呈稍上斜状着生，长椭圆形，叶色黄绿，有光泽，叶面微隆起或平，叶身平，叶缘平，叶尖渐尖，叶齿稍钝、浅、密，叶质较薄软。福安调查，始花期通常在 10 月下旬，盛花期 11 月中旬，花量少，结实率低。花冠直径 3.9 cm，花瓣 6 瓣，子房茸毛少，花柱3 裂。果实为三角形，果实直径 2.01 cm±0.31 cm，果皮厚 0.059 cm±0.01 cm，种子为球形，种径 1.24 cm±0.12 cm，种皮为棕色，百粒重 104.32 g±5.33 g。

特性　春季萌发期早，2010 年和 2011 年在福建福安社口观测，一芽二叶初展期分别出现于 3 月 17 日和 4 月 11 日。芽叶生育力强，发芽较密，持嫩性强，黄绿色，茸毛少，一芽三叶百芽重 86.0 g。在福建福安社口取样，2 年平均春茶一芽二叶含茶多酚 18.0%、氨基酸 4.0%、咖啡碱 4.2%、水浸出物 52.6%。产量高，每 667 m^{2}产乌龙茶干茶 200 kg。适制乌龙茶、绿茶、红茶。制乌龙茶，色泽乌绿润，香气清高持久，滋味浓强甘爽；制绿茶、红茶，香高、味厚。

调查表明，八仙茶平均叶蝉虫量比值为 0.76 ～ 0.98，该品种对小绿叶蝉的抗性较强；该品种平均螨量比值为 0.01，对茶橙瘿螨的抗性强；见有轮斑病、云纹叶枯病及较严重的红锈藻病。抗旱性与抗寒性尚强。扦插繁殖力较强，成活率较高。

适栽地区　乌龙茶茶区和江南部分红茶、绿茶茶区。

栽培要点　挖深沟种植，增施有机肥，适当增加种植密度。压低定剪高度，增加定剪次数，促进分枝。乌龙茶要及时分批、按"小至中开面"鲜叶标准留叶采摘。冬季、早春注意预防冻害。

SSR 指纹图谱

引物	TP 5138	TP 1683	A 134	CSR 88	CSR 994	CSR 1391	CSR 1381
条带	0100	0001	00011	00110	0011	01000	101

黄观音

又名茗科 2 号，品比区代号 105。无性系，小乔木型，中叶类，早生种。

来源与分布 由福建省农业科学院茶叶研究所于 1977—1997 年以铁观音为母本、黄棪为父本，采用杂交育种法育成（闽审茶 1998002）。在福建、广东、云南、海南、广西南部、湘南、赣南等茶区有种植。2002 年通过全国农作物品种审定委员会审定，编号国审茶 2002015。"乌龙茶新品种黄观音、黄奇选育与推广"获福建省二〇〇二年度科学技术进步二等奖。

特征 植株较高大，树姿半开张，分枝较密。叶片呈上斜状着生，椭圆形或长椭圆形，叶色黄绿，有光泽，叶面隆起，叶缘平，叶身平，叶尖钝尖，叶齿较钝、浅、稀，叶质尚厚脆。福安调查，始花期通常在 9 月下旬，10 月中旬盛花期，开花量多，结实率高。花冠直径 3.9 cm，花瓣 6 瓣，子房茸毛中等，花柱 3 裂。果实为三角形或肾形，果实直径 2.14 cm±0.30 cm，果皮厚度 0.88 cm±0.02 cm，种子为球形或锥形，种径 1.29 cm±0.07 cm，种皮为棕色，百粒重 112.22 g±10.2 g。

特性 春季萌发期早，2010 年和 2011 年在福建福安社口观测，一芽二叶初展期分别出现于 3 月 11 日和 3 月 27 日。芽叶生育力强，发芽密，持嫩性较强，新梢黄绿带微紫色，茸毛少，一芽三叶百芽重 58.0 g。在福建福安社口取样，2 年平均春茶一芽二叶含茶多酚 19.4%、氨基酸 4.8%、咖啡碱 3.4%、水浸出物 48.4%。产量高，每 667 m² 产乌龙茶干茶 200 kg 以上。适制乌龙茶、红茶、绿茶。制乌龙茶，香气馥郁芬芳，具有"通天香"的香气特征，滋味醇厚甘爽，制优率高；制绿茶、红茶，香高爽，味醇厚。

调查表明，黄观音平均叶蝉虫量比值为 0.68 ～ 1.01，该品种对小绿叶蝉的抗性较强；该品种平均螨量比值为 5.07，对茶橙瘿螨的抗性弱；见有轮斑病、红锈藻病。抗寒、抗旱性强。扦插繁殖力特强，种植成活率高。

适栽地区 我国乌龙茶区和江南红茶、绿茶区。

栽培要点 选择土层深厚的园地采用 1.50 m 大行距、40 cm 小行距、33 cm 丛距双行双株种植。加强茶园肥水管理，适时进行 3 次定剪。要分批、留叶采摘。

SSR 指纹图谱

引物	TP 5138	TP 1683	A 134	CSR 88	CSR 994	CSR 1391	CSR 1381
条带	0001	0010	00101	00100	1100	01100	001

悦茗香

品比区代号 101。无性系，灌木型，中叶类，中生种。

来源与分布 由福建省农业科学院茶叶研究所于 1981—1993 年从赤叶观音有性后代中，采用单株选种法育成（闽审茶 1994003）。福建北部、南部以及广东、湖南等地有栽种。2002 年通过全国农作物品种审定委员会审定，编号国审茶 2002016。"茶树新品种茗科 1 号、悦茗香的选育与应用"获福建省二〇〇四年度科学技术二等奖。

特征 植株中等，树姿半开张，分枝尚密。叶片呈水平状着生，近倒卵圆形，叶色深绿，叶面平，叶缘平，叶身平，叶尖钝尖，叶齿钝、浅、稀，叶质较厚软。福安调查，始花期通常在 9 月下旬，盛花期 10 月下旬，开花量较多，结实率较高。花冠直径 4.1 cm，花瓣 6 瓣，花柱 3 裂，子房茸毛少。果实为球形，果实直径 1.90 cm±0.36 cm，果皮厚 0.07 cm±0.02 cm，种子为锥形或球形，种径 1.26 cm±0.07 cm，种皮为棕褐色，百粒重 125.82 g±7.05 g。

特性 春季萌发期中偏迟，2010 年和 2011 年在福建福安社口观测，一芽二叶初展期分别出现于 3 月 20 日和 4 月 5 日。芽叶生育力强，发芽较密，持嫩性强，淡紫绿色，茸毛少，一芽三叶百芽重 60.0 g。在福建福安社口取样，2 年平均春茶一芽二叶含茶多酚 21.4%、氨基酸 3.6%、咖啡碱 3.9%、水浸出物 49.4%。产量高，每 667 m² 产乌龙茶干茶 150 kg 以上。适制乌龙茶、绿茶。制乌龙茶香气馥郁悠长，滋味醇厚回甘，"韵味"显，制优率高。

调查表明，悦茗香平均叶蝉虫量比值为 0.64 ～ 0.93，该品种对小绿叶蝉的抗性较强；该品种平均螨量比值为 1.12，对茶橙瘿螨的抗性中等；见有云纹叶枯病。抗寒性与抗旱性强，适应性强。扦插繁殖力强，种植成活率高。

适栽地区 我国乌龙茶茶区。

栽培要点 幼龄期生长较慢，选择土层深厚、肥沃的园地采用双行双株种植。定剪 4 次，乌龙茶鲜叶采摘标准掌握"小至中开面"，以"中开面"为主，及时采摘。

SSR 指纹图谱

引物	TP 5138	TP 1683	A 134	CSR 88	CSR 994	CSR 1391	CSR 1381
条带	0010	0001	00011	00010	0010	01000	011

茗科 1 号

又名金观音，品比区代号 204。无性系，灌木型，中叶类，早生种。

来源与分布 由福建省农业科学院茶叶研究所于 1978—1999 年以铁观音为母本，黄棪为父本，采用杂交育种法育成（闽审茶 2000001）。福建乌龙茶茶区，广东、湖南、四川、浙江、贵州、重庆等省、市有栽种。2002 年通过全国农作物品种审定委员会审定，编号国审茶 2002017。"茶树新品种茗科 1 号、悦茗香的选育与应用"获福建省二〇〇四年度科学技术二等奖。

特征 植株较高大，树姿半开张，分枝较密。叶片呈水平状着生，椭圆形，叶色深绿，有光泽，叶面隆起，叶缘稍波浪状，叶身平，叶尖渐尖，叶齿较钝、浅、稀，叶质厚脆。福安调查，始花期通常在 10 月中旬，盛花期 11 月中旬，开花量多，结实率高。花冠直径 3.6 cm，花瓣 7 瓣，子房茸毛中等，花柱 3 裂。花粉粒大小（极轴长 × 赤道轴长）46.65 μm×24.98 μm，萌发孔为 3 孔沟，极面观近圆形；外壁纹饰拟网状，网脊隆起，宽窄不均，由小块密集而成，脊面波浪状，网眼较小，呈圆形，穿孔较少，脊洼较浅。果实为球形，果实直径 2.00 cm±0.41 cm，果皮厚度 0.06 cm±0.017 cm，种子为球形，种径 1.51 cm±0.11 cm，种皮为棕色，百粒重 163.62 g±17.8 g。

特性 春季萌发期早，2010 年和 2011 年在福建福安社口观测，一芽二叶初展期分别出现于 3 月 10 日和 3 月 26 日。芽叶生育力强，发芽密且整齐，持嫩性较强，紫红色，茸毛少，一芽三叶百芽重 50.0 g。在福建福安社口取样，2 年平均春茶一芽二叶含茶多酚 19.0%、氨基酸 4.4%、咖啡碱 3.8%、水浸出物 45.6%。产量高，每 667 m² 产乌龙茶干茶 200 kg 以上。适制乌龙茶、绿茶。制乌龙茶，香气馥郁悠长，滋味醇厚回甘，"韵味"显，具有铁观音的香味特征，制优率高。

调查表明，茗科 1 号平均叶蝉虫量比值为 0.63 ～ 0.78，该品种对小绿叶蝉的抗性较强；该品种平均螨量比值为 0.98，对茶橙瘿螨的抗性中等；见有云纹叶枯病及较严重的红锈藻病。适应性强。扦插繁殖力强，成活率高。

适栽地区 我国乌龙茶区。

栽培要点 幼年期生长较慢，宜选择纯种健壮母树剪穗扦插，培育壮苗。选择土层深厚、土壤肥沃的黏质红黄壤园地种植，增加种植株数与密度。

SSR 指纹图谱

引物	TP 5138	TP 1683	A 134	CSR 88	CSR 994	CSR 1391	CSR 1381
条带	0001	1001	00101	00100	0110	10010	010

黄 奇

曾用名有性黄旦。无性系，小乔木型，中叶类，早生种。

来源与分布　由福建省农业科学院茶叶研究所于 1972—1993 年从黄棪（♀）与白奇兰（♂）（毗邻种植）的自然杂交后代中，采用单株选种法育成（闽审茶 1994001）。福建茶区和广东、湖南、四川、浙江、江苏等省有栽种。2002 年通过全国农作物品种审定委员会审定，编号国审茶 2002018。"乌龙茶新品种黄观音、黄奇选育与推广"获福建省二〇〇二年度科学技术进步二等奖。

特征　植株较高大，树姿半开张。叶片呈水平状着生，椭圆形，叶色绿，富光泽，叶面微隆起，叶缘微波，叶身平，叶尖渐尖，叶齿较钝、浅、稀，叶质较厚脆。福安调查，始花期通常在 10 月中旬，盛花期 11 月上旬，开花量中等，结实率较高。花冠直径 4.4 cm，花瓣 6 ～ 7 瓣，子房茸毛少，花柱 3 裂。果实为三角形，果实直径 2.12 cm±0.24 cm，果皮厚 0.071 cm±0.02 cm，种子为球形，种径 1.22 cm±0.15 cm，种皮为棕色，百粒重 87.9 g±10.07 g。

特性　春季萌发期中等，2010 年和 2011 年在福建福安社口观测，一芽二叶初展期分别出现于 3 月 23 日和 4 月 8 日。芽叶生育力强，发芽较密，持嫩性强，黄绿色，茸毛少，一芽三叶长 8.6 cm、一芽三叶百芽重 65.0 g。在福建福安社口取样，2 年平均春茶一芽二叶含茶多酚 19.6%、氨基酸 4.2%、咖啡碱 4.0%、水浸出物 50.2%。产量高，每 667 m² 产乌龙茶干茶 150 kg 以上。适制乌龙茶、绿茶、红茶。制乌龙茶，香气浓郁细长，具有"奇兰"类品种特征香型，滋味醇厚鲜爽，制优率高；制绿茶，香高爽，味浓厚。

调查表明，黄奇平均叶蝉虫量比值为 0.97 ～ 1.15，该品种对小绿叶蝉的抗性中等；该品种平均螨量比值为 0.21，对茶橙瘿螨的抗性强；该品种较易受潜叶蝇为害；见有轮斑病和较严重的红锈藻病。适应性强。扦插繁殖力较强，种植成活率较高。

适栽地区　我国乌龙茶区和江南红、绿茶区。

栽培要点　选择土壤通透性良好的苗地扦插育苗。选择土层深厚的园地采用双行双株种植。定剪 3 ～ 4 次，乌龙茶鲜叶采摘标准掌握"小至中开面"鲜叶标准，适时分批采摘。

SSR 指纹图谱

引物	TP 5138	TP 1683	A 134	CSR 88	CSR 994	CSR 1391	CSR 1381
条带	0001	0001	00101	00010	0101	00110	011

丹　桂

品比区代号 304。无性系，灌木型，中叶类，早生种。

来源与分布　由福建省农业科学院茶叶研究所于 1979—1997 年从肉桂自然杂交后代中采用单株育种法育成（闽审茶 1998003）。福建乌龙茶茶区及浙江、广东、海南等茶区有栽培。2010 年通过全国茶树品种鉴定委员会鉴定，编号国品鉴茶 2010015。"高香型优质乌龙茶新品种——丹桂的选育与推广"获福建省二〇〇〇年科学技术进步二等奖。

特征　植株较高大，树姿半开张，分枝密。叶片呈稍上斜状着生，椭圆形，叶色深绿或绿，有光泽，叶面平，叶身平或稍内折，叶缘微波，叶尖渐尖，叶齿钝、浅、较密，叶质较厚软。福安调查，始花期通常在 10 月上旬，盛花期 10 月下旬，开花量较多，结实率较高。花冠直径 4.2 cm，花瓣 6～7 瓣，子房茸毛中等，花柱 3 裂。果实为三角形，果实直径 1.94 cm±0.31 cm，果皮厚 0.068 cm±0.02 cm，种子为球形，种径 1.23 cm±0.15 cm，种皮为棕色，百粒重 90.00 g±6.00 g。

特性　春季萌发期早，2010 年和 2011 年在福建福安社口观测，一芽二叶初展期分别出现于 3 月 14 日和 4 月 8 日。芽叶生育力强，发芽密，持嫩性强，黄绿色，茸毛少，一芽三叶百芽重 66.0 g。在福建福安社口取样，2 年平均春茶一芽二叶含茶多酚 17.7%、氨基酸 3.3%、咖啡碱 3.2%、水浸出物 49.9%。产量高，每 667 m^2 产乌龙茶干茶 200 kg 以上。适制乌龙茶、绿茶、红茶。制乌龙茶香气清香持久、有花香，滋味清爽带鲜、回甘；制绿、红茶，花香显，滋味浓爽。耐贫瘠。

调查表明，丹桂平均叶蝉虫量比值为 0.73～0.92，该品种对小绿叶蝉的抗性较强；该品种平均螨量比值为 0.67，对茶橙瘿螨的抗性较强；见有轮斑病、云纹叶枯病。抗旱与抗寒性强。扦插繁殖力强，成活率高。

适栽地区　福建、广东、广西、湖南、浙江及相似茶区。

栽培要点　及时定剪 3～4 次，促进分枝，尽早形成丰产树冠。采制乌龙茶以"中开面"鲜叶原料为主。制乌龙茶适当增加摇青次数与晾青时间。

SSR 指纹图谱

引物	TP 5138	TP 1683	A 134	CSR 88	CSR 994	CSR 1391	CSR 1381
条带	0101	0100	00101	00010	0011	10100	010

春 兰

品比区代号 301。无性系，灌木型，中叶类，早生种。

来源与分布 由福建省农业科学院茶叶研究所于 1979—1999 年从铁观音自然杂交后代中采用单株育种法育成（闽审茶 2000003）。福建乌龙茶茶区及广西等茶区有栽培。2010 年通过全国茶树品种鉴定委员会鉴定，编号国品鉴茶 2010016。

特征 植株中等，树姿半开张。叶片呈水平状着生，长椭圆形，叶色深绿，有光泽，叶面微隆起，叶身平展，叶缘波状，叶尖渐尖，叶齿中、密、稍深，侧脉细明，叶质较厚脆。福安调查，始花期通常在 10 月中旬，盛花期 11 月上旬，开花量多，结实率高。花冠直径 4.2 cm，花瓣 7～8 瓣，子房茸毛中等，花柱 3 裂。果实为肾形，果实直径 1.92 cm±0.24 cm，果皮厚 0.067 cm±0.02 cm，种子为球形，种径 1.41 cm±0.19 cm，种皮为棕褐色，百粒重 102.42 g±11.2 g。

特性 春季萌发期较早，2010 年和 2011 年在福建福安社口观测，一芽二叶初展期分别出现于 3 月 14 日和 3 月 30 日。育芽能力较强，持嫩性较强，芽叶黄绿色，茸毛少，一芽三叶百芽重 58.0 g。在福建福安社口取样，3 年平均春茶一芽二叶含茶多酚 15.6%、氨基酸 3.9%、咖啡碱 3.7%、水浸出物 51.4%。产量较高，每 667 m² 可产乌龙茶干茶 130 kg 以上。适制乌龙茶、绿茶、红茶。制乌龙茶外形重实，香气清幽细长，兰花香显，滋味醇厚有甘韵；制绿茶，汤色浅绿明亮，花香浓郁持久，滋味鲜醇爽口；制红茶，外形细长匀整，色泽乌黑有光，汤色金黄，香气似花果香，滋味鲜活甘爽。

调查表明，春兰平均叶蝉虫量比值为 0.73～0.81，该品种对小绿叶蝉的抗性较强；该品种平均螨量比值为 0.41，对茶橙瘿螨的抗性较强；见有轮斑病、红锈藻病。抗旱性与抗寒性强。扦插繁殖力强，成活率高。

适栽地区 福建、广东、广西、湖南及相似茶区。

栽培要点 幼年期生长较慢，宜选择纯种健壮母树剪穗扦插，培育壮苗。选择土层深厚、土壤肥沃的黏质红黄壤园地种植，适当增加种植密度。适时分批采摘。

SSR 指纹图谱

引物	TP 5138	TP 1683	A 134	CSR 88	CSR 994	CSR 1391	CSR 1381
条带	0101	1010	00001	00100	0110	11000	010

瑞 香

品比区代号 305。无性系，灌木型，中叶类，晚生种。

来源与分布　由福建省农业科学院茶叶研究所 1979—2002 年从黄棪自然杂交中经系统育成（闽审茶 2003004），被列为福建农业"五新"品种。福建乌龙茶茶区及海南、广西、广东等茶区有栽培。2010 年通过全国茶树品种鉴定委员会鉴定，编号国品鉴茶 2010017。"高香优质茶树新品种瑞香与九龙袍选育及推广应用"获福建省二〇一五年度科学技术进步奖二等奖。

特征　植株较高大，树姿半开张。叶片呈上斜状着生，长椭圆形，叶色黄绿，叶面稍隆起，叶身稍内折，叶缘稍波浪状，侧脉较明显，叶质较厚软。福安调查，始花期通常在 10 月下旬，盛花期 11 月中旬，开花量较多，结实率高。花冠直径 2.9 ～ 3.7 cm，花瓣 6 ～ 8 片，子房茸毛中等，花柱 3 裂。果实为球形，果实直径 1.81 cm±0.23 cm，果皮厚 0.08 cm±0.02 cm，种子为球形，种径 1.49 cm±0.07 cm，种皮为棕褐色，百粒重 126.12 g±9.42 g。

特性　春季萌发期较迟，2010 年和 2011 年在福建福安社口观测，一芽二叶初展期分别出现于 3 月 24 日和 4 月 9 日。发芽整齐，芽梢密度高，持嫩性较好，茸毛少，一芽三叶百芽重 94.0 g。在福建福安社口取样，2 年平均春茶一芽二叶含茶多酚 17.5%、氨基酸 3.9%、咖啡碱 3.7%、水浸出物 51.3%。产量高，每 667 m² 产乌龙茶干茶 150 kg 以上。适制乌龙茶、红茶、绿茶，且制优率高。制乌龙茶，色翠润，香浓郁清长、花香显，滋味醇厚鲜爽、甘润带香，耐泡；制绿茶，汤色翠绿清澈，香浓郁鲜爽，味醇爽；制红茶，金毫显，汤色红艳，鲜甜花香显，味鲜浓。

调查表明，瑞香平均叶蝉虫量比值为 0.65 ～ 0.73，该品种对小绿叶蝉的抗性较强；该品种平均螨量比值为 0.47，对茶橙瘿螨的抗性较强；见有轮斑病及较严重的红锈藻病。抗旱与抗寒性强，扦插与定植成活率高，适应性广。

适栽地区　福建、广东、广西、湖南及相似茶区。

栽培要点　宜选择纯种健壮母树剪穗扦插，苗地选择土层深厚、土壤肥沃的黏质红黄壤。种植时施足基肥，适当增加种植密度，重施有机肥。

SSR 指纹图谱

引物	TP 5138	TP 1683	A 134	CSR 88	CSR 994	CSR 1391	CSR 1381
条带	0101	1010	00101	00100	0011	01010	011

金牡丹

品比区代号 203。无性系，灌木型，中叶类，早生种。

来源与分布　由福建省农业科学院茶叶研究所 1978—2002 年以铁观音为母本，黄棪为父本，采用杂交育种法育成（闽审茶 2003002）。1990 年以来，在福建北部、南部乌龙茶茶区示范种植。2001 年被评为"九五"国家科技攻关一级优异种质。2010 年通过全国茶树品种鉴定委员会鉴定，编号国品鉴茶 2010024。

特征　植株中等，树姿较直立。叶片呈水平状着生，椭圆形，叶色绿，具光泽，叶面隆起，叶身平，叶缘微波，叶尖钝尖，叶齿较锐、浅、密，叶质较厚脆。福安调查，始花期通常在 10 月下旬，盛花期 11 月中旬，开花量多，结实率高。花冠直径 3.4 cm，花瓣 8 瓣，子房茸毛中等，花柱 3 裂。果实为球形，果实直径为 2.18 cm±0.32 cm，果皮厚 0.09 cm±0.02 cm，种子为球形，种径 1.56 cm±0.16 cm，种皮为棕色，百粒重 129.22 g±9.22 g。

特性　春季萌发期较早，2010 年和 2011 年在福建福安社口观测，一芽二叶初展期分别出现于 3 月 14 日和 3 月 30 日。芽叶生育力强，持嫩性强，紫绿色，茸毛少，一芽三叶百芽重 70.9 g。在福建福安社口取样，3 年平均春茶一芽二叶含茶多酚 18.6%、氨基酸 3.7%、咖啡碱 3.6%、水浸出物 49.6%。产量高，每 667 m² 产乌龙茶干茶 150 kg 以上。适制乌龙茶、绿茶、红茶，品质优，制优率高。制乌龙茶，香气馥郁芬芳，滋味醇厚甘爽，"韵味"显，具有铁观音的香味特征；制红、绿茶，花香显，味醇厚。

调查表明，金牡丹平均叶蝉虫量比值为 0.52～0.67，该品种对小绿叶蝉的抗性较强；该品种平均螨量比值为 0.57，对茶橙瘿螨的抗性较强；见有赤叶斑病、轮斑病、云纹叶枯病及较严重的红锈藻病。抗性与适应性强，扦插繁殖力强，种植成活率高。

适栽地区　福建、广东、广西、湖南及相似茶区。

栽培要点　宜选择纯种健壮母树剪穗扦插。培育壮苗拟选择土层深厚、土壤肥沃的黏质红黄壤园地种植，适当增加种植密度。

SSR 指纹图谱

引物	TP 5138	TP 1683	A 134	CSR 88	CSR 994	CSR 1391	CSR 1381
条带	0101	1001	00001	00110	0011	10010	010

黄玫瑰

品比区代号 506。无性系，小乔木型，中叶类，早生种。

来源与分布 由福建省农业科学院茶叶研究所 1986—2004 年从黄观音与黄棪人工杂交一代中采用单株育种法育成（闽审茶 2005002）。2001 年被评为"九五"国家科技攻关一级优异种质。2010 年通过全国茶树品种鉴定委员会鉴定，编号国品鉴茶 2010025。

特征 植株较高大，树姿半开张，分枝密。叶片呈水平状着生，长椭圆形或椭圆形，叶色绿，有光泽，叶面隆起，叶身稍内折或平，叶缘微波，叶尖渐尖，叶齿较锐、深、密，叶质较厚脆。花冠直径 2.7 cm，花瓣 6～7 瓣，子房茸毛中等，花柱 3 裂。福安调查，始花期通常在 10 月中旬，盛花期 11 月上旬，花量较多，结实率较高。果实为三角形或肾形，果实直径 1.92 cm±0.49 cm，果皮厚 0.07 cm±0.01 cm，种子为球形，种径 1.35 cm±0.17 cm，种皮为棕褐色，百粒重 104.24 g±10.5 g。

特性 春季萌发期早，2010 年和 2011 年在福建福安社口观测，一芽二叶初展期分别出现于 3 月 11 日和 3 月 27 日。芽叶生育力强，发芽密，持嫩性较强，黄绿色，茸毛少，一芽三叶百芽重 51.1 g。在福建福安社口取样，3 年平均春茶一芽二叶含茶多酚 15.9%、氨基酸 4.2%、咖啡碱 3.3%、水浸出物 49.6%。产量高，每 667 m² 产乌龙茶干茶 200 kg。适制乌龙茶、绿茶、红茶。制乌龙茶香气馥郁高爽，滋味醇厚回甘，制优率高；制绿茶、红茶，香高爽，味鲜醇。

调查表明，黄玫瑰平均叶蝉虫量比值为 0.87～1.05，该品种对小绿叶蝉的抗性较强；该品种平均螨量比值为 4.32，对茶橙瘿螨的抗性弱；见有轮斑病、红锈藻病、赤叶斑病。抗旱、抗寒性强。扦插繁殖力强，种植成活率高。

适栽地区 乌龙茶区和江南红茶、绿茶区。

栽培要点 选择土层深厚的园地采用 1.5 m 大行距、40 cm 小行距、33 cm 株距双行双株种植。加强茶园肥水管理，适时进行 3 次定剪。要分批留叶采摘，采养结合。

SSR 指纹图谱

引物	TP 5138	TP 1683	A 134	CSR 88	CSR 994	CSR 1391	CSR 1381
条带	0001	0001	00101	00100	0100	01000	011

紫牡丹

曾用名紫观音，品比区代号 111。无性系，灌木型，中叶类，中生种。

来源与分布 由福建省农业科学院茶叶研究所于 1981—2005 年从铁观音的自然杂交后代中，采用单株选种法育成（闽审茶 2003004）。2001 年被评为"九五"国家科技攻关农作物优异种质，被列为福建农业"五新"品种。2010 年通过全国茶树品种鉴定委员会鉴定，编号国品鉴茶 2010026。

特征 植株较高大，树姿半开张。叶片呈水平状着生，椭圆形，叶色深绿，具光泽，叶面隆起，叶身平，叶缘微波，叶尖渐尖，叶齿稍钝、浅、稀，叶质较厚脆。福安调查，始花期通常在 10 月上旬，盛花期 11 月上旬，开花量多，结实率较高。花冠直径 4.0 cm，花瓣 6～7 瓣，子房茸毛中等，花柱 3 裂。果实为球形，果实直径 2.02 cm±0.38 cm，果皮厚 0.04 cm±0.01 cm，种子为球形，种径 1.31 cm±0.19 cm，种皮为棕色，百粒重 110.7 g±6.91 g。

特性 春季萌发期中偏迟，2010 年和 2011 年在福建福安社口观测，一芽二叶初展期分别出现于 3 月 18 日和 4 月 3 日。芽叶生育力强，持嫩性较强，紫红色，茸毛少，一芽三叶百芽重 54.0 g。在福建福安社口取样，2 年平均春茶一芽二叶含茶多酚 18.4%、氨基酸 3.9%、咖啡碱 4.3%、水浸出物 48.6%。产量高，每 667 m² 产乌龙茶干茶 150 kg 以上。制乌龙茶条索紧结重实，色泽乌褐绿润，香气馥郁鲜爽，滋味醇厚甘甜，"韵"味显，具有铁观音的香味特征，制优率高于铁观音。

调查表明，紫牡丹平均叶蝉虫量比值为 0.53～0.57，该品种对小绿叶蝉的抗性较强；该品种平均螨量比值为 0.42，对茶橙瘿螨的抗性较强；见有轮斑病、藻斑病及较严重的红锈藻病。抗寒、抗旱能力强。扦插繁殖力强，成活率高。

适栽地区 福建、广东、广西、湖南及相似茶区。

栽培要点 宜选择纯种健壮的母树剪穗扦插，培育壮苗。选择土层深厚、肥沃的黏质红黄壤园地种植，增加种植株数与密度。

SSR 指纹图谱

引物	TP 5138	TP 1683	A 134	CSR 88	CSR 994	CSR 1391	CSR 1381
条带	0101	0001	00101	00010	0011	01010	010

第四章　福建省审定绿茶品种

早逢春

无性系，小乔木型，中叶类，特早生种。

来源与分布　由福建省福鼎市茶业管理局于 1966—1984 年从福鼎市桐城镇柯岭村群体中采用单株育种法育成。主要分布在福建东部茶区。福建北部、浙江南部等有引种。1985 年通过福建省农作物品种审定委员会审定，编号闽审茶 1985002。

特征　植株较高大，树姿半开张，主干较明显，分枝较密。叶片呈水平状着生，椭圆形，叶色绿，富光泽，叶面微隆起，叶身平或稍内折，叶缘平或微波，叶尖钝尖，叶齿较锐、深、密，叶质较厚软。福安调查，始花期通常在 9 月下旬，盛花期 10 月中旬，开花量中等，结实率较低。花冠直径 3.4 cm，花瓣 6～8 瓣，子房茸毛密，花柱 3 裂，花萼 5 片，花柱裂位低，雌蕊长。果实为肾形，果实直径 1.95 cm±0.27 cm，果皮厚 0.07 cm±0.01 cm，种子为球形，种径 1.07 cm±0.12 cm，种皮棕褐色，百粒重 104.04 g±0.10 g。

特性　春季萌发期特早，2010 年和 2011 年在福建福安社口观测，一芽二叶初展期分别出现于 3 月 7 日和 3 月 16 日。芽叶生育力强，发芽较密，持嫩性强，黄绿色，茸毛尚多，一芽三叶长 9.2 cm、一芽三叶百芽重 48.0 g。在福建福安社口取样，2 年平均春茶一芽二叶含茶多酚 14.7%、氨基酸 4.6%、咖啡碱 2.9%、水浸出物 46.2%。产量高，每 667 m² 可产干茶 150 kg 以上。制绿茶，色泽翠绿，白毫显，香气清高鲜爽，味醇和回甘，是制花茶和制特种绿茶的优质原料。

调查表明，早逢春对小绿叶蝉的抗性较强；对茶橙瘿螨的抗性中等；见有轮斑病、红锈藻病及较严重的红锈藻病。抗旱性与抗寒性较强。扦插繁殖力强，成活率高。

适栽地区　福建绿茶茶区。

栽培要点　选择中低海拔园地种植，避免早春嫩梢遭受晚霜冻害。

SSR 指纹图谱

引物	TP 5138	TP 1683	A 134	CSR 88	CSR 994	CSR 1391	CSR 1381
条带	1100	0010	00101	00110	0110	00100	010

福云 595

无性系，小乔木型，大叶类，早生种。

来源与分布　由福建省农业科学院茶叶研究所于 1959—1987 年从福鼎大白茶与云南大叶茶自然杂交后代中经单株育种法育成。1988 年通过福建省农作物品种审定委会员审定，编号闽审茶 1988001。

特征　植株较高大，树姿较直立，分枝较稀。叶片呈上斜状着生，椭圆形，叶色绿，富光泽，叶面隆起，叶身平展，叶缘平，叶尖钝尖，叶齿稍钝、浅、稀，叶质较厚脆。福安调查，始花期通常在 9 月中旬，10 月中旬盛花期，开花量多，结实率中等。花冠直径 3.1 ～ 3.6 cm，花瓣 7 瓣，子房茸毛多，花柱 3 裂。果实为球形，果实直径 2.32 cm，果皮厚 0.06 cm，种子为球形，种径 1.69 cm，种皮色泽棕色，百粒重 95.4 g。

特性　春季萌发期早，2010 年和 2011 年在福建福安社口观测，一芽二叶初展期分别出现于 3 月 23 日和 4 月 1 日。芽叶生育力较强，持嫩性强，淡绿色，茸毛特多，节间长，一芽三叶百芽重 111.0 g。在福建福安社口取样，2 年平均春茶一芽二叶含茶多酚 12.5%、氨基酸 4.7%、咖啡碱 4.7%、水浸出物 47.3%。产量较高，每 667 m² 产干茶 130 kg 以上。适制红茶、绿茶、白茶。制烘青绿茶，银毫密披，香气高爽，毫香显，滋味浓鲜，是窨制花茶的优质原料；制工夫红茶，毫显色润，香高浓，味醇厚；制白茶，芽肥壮，白毫多，色银白，香鲜味醇，是制白毫银针、福建雪芽、白牡丹的原料。

调查表明，福云 595 平均叶蝉虫量比值为 1.93 ～ 2.25，该品种对小绿叶蝉的抗性弱；该品种平均螨量比值为 0.65，对茶橙瘿螨的抗性较强；见有云纹叶枯病、炭疽病、轮斑病。抗寒、抗旱能力尚强。扦插与定植成活率高。

适栽地区　福建中低海拔茶区。

栽培要点　选择土层深厚的园地，采用 1.5 m 大行距、40 cm 小行距、33 cm 株距双行双株种植，加强茶园肥水管理，适时进行 3 次定剪。要分批留叶采摘，采养结合。

SSR 指纹图谱

引物	TP 5138	TP 1683	A 134	CSR 88	CSR 994	CSR 1391	CSR 1381
条带	0101	0011	00101	00011	0110	00100	011

九龙大白茶

无性系，小乔木型，大叶类，早生种。

产地与分布 原产于福建省松溪县郑墩镇双源村。相传有 100 多年的历史，1981 年以来，松溪县茶业管理总站进行观察鉴定与繁育推广。福建及浙江东部有引种栽培。1998 年通过福建省农作物品种审定委员会审定，编号闽审茶 1998001。

特征 植株较高大，树姿半开张，主干较明显。叶片呈稍上斜状着生，椭圆形，叶色深绿，富光泽，叶面微隆起，叶身平展，叶缘平或微波，叶尖渐尖，叶齿较锐、深、密，叶质较厚脆。福安调查，始花期通常在 10 月上旬，盛花期 11 月上旬，开花量少，几乎不结实。花冠直径 3.7 cm，花瓣 7 瓣，子房茸毛中等，花柱 3 裂。

特性 春季萌发期早，2010 年和 2011 年在福建福安社口观测，一芽二叶初展期分别出现于 3 月 24 日和 4 月 2 日。芽叶生育力强，发芽较密，持嫩性强，黄绿色，茸毛多，一芽三叶百芽重 109.0 g。在福建福安社口取样，2 年平均春茶一芽二叶含茶多酚 13.0%、氨基酸 4.1%、咖啡碱 3.6%、水浸出物 44.1%。产量高，每 667 m² 产干茶 200 kg 以上。适制绿茶、红茶、白茶。制烘青绿茶，色泽翠绿，白毫多，香高鲜爽，味醇回甘；制工夫红茶，色泽乌润显毫，香高味醇，汤色红浓；制白茶，芽壮色白，香鲜味醇，是制白毫银针、白牡丹的优质原料。

调查表明，九龙大白茶平均叶蝉虫量比值为 2.23 ~ 2.38，该品种对小绿叶蝉的抗性弱；该品种平均螨量比值为 0.08，对茶橙瘿螨的抗性强；见有红锈藻病、赤叶斑病、圆赤星病。抗旱性与抗寒性强。扦插繁殖力强，成活率高。

适栽地区 福建茶区。

栽培要点 幼年期分枝较少，适当增加种植密度，及时定剪 3 ~ 4 次，促进分枝。适时分批嫩采。

SSR 指纹图谱

引物	TP 5138	TP 1683	A 134	CSR 88	CSR 994	CSR 1391	CSR 1381
条带	0100	0110	00001	00110	0101	00110	010

霞浦元宵茶

无性系，灌木型，中叶类，特早生种。

来源与分布　由霞浦县茶业管理局于 1981—1998 年从霞浦县崇儒乡后溪岭村"春分茶"群体中经单株选育而成。福建和浙江东部有栽培。1999 年通过福建省农作物品种审定委员会审定，编号闽审茶 99003。

特征　植株中等，树姿半开张，分枝尚密。叶片呈水平状着生，长椭圆形，叶色绿，有光泽，叶面微隆起，叶身平展，叶缘微波，叶尖渐尖，叶齿较钝、浅、密，叶质尚厚软。福安调查，始花期通常在 10 月上旬，盛花期 10 月下旬，花量中等，结实率中等。花冠直径 3.7 cm，花瓣 7 瓣，子房茸毛中等，花柱 3 裂。果实为肾形，果实直径 1.87 cm±0.28 cm，果皮厚 0.068 cm±0.01 cm，种子为球形，种径 1.44 cm±0.11 cm，种皮棕色，百粒重 134.36 g±6.28 g。

特性　春季萌发期特早，2010 年和 2011 年在福建福安社口观测，一芽二叶初展期分别出现于 3 月 2 日和 3 月 11 日。芽叶生育力较强，发芽较密，持嫩性强，黄绿色，茸毛尚多，一芽三叶百芽重 41.0 g。在福建福安社口取样，2 年平均春茶一芽二叶含茶多酚 16.5%、氨基酸 4.5%、咖啡碱 3.5%、水浸出物 47.3%。产量较高，每 667 m² 产干茶 130 kg。适制绿茶、红茶。制绿茶，色泽绿，香气高爽似板栗香，滋味醇厚，回甘鲜爽，是制名优绿茶和窨制花茶的优质原料；制工夫红茶，条索紧细，色乌润，香高味醇。

调查表明，霞浦元宵茶平均叶蝉虫量比值为 0.63 ～ 0.65，该品种对小绿叶蝉的抗性较强；该品种平均螨量比值为 0.04，对茶橙瘿螨的抗性强；见有轮斑病，偶见红锈藻病。抗旱性和抗寒性强。扦插繁殖力强，成活率高。

适栽地区　福建中低海拔茶区。

栽培要点　培育壮苗，选择向阳、土层深厚的坡地，采用双行双株种植，每 667 m² 栽 5 000 株。及时采摘，嫩采为主。注意预防早春晚霜危害。

SSR 指纹图谱

引物	TP 5138	TP 1683	A 134	CSR 88	CSR 994	CSR 1391	CSR 1381
条带	0110	0110	00001	00100	1000	00100	011

早春毫

无性系，小乔木型，大叶类，特早生种。

来源与分布　由福建省农业科学院茶叶研究所于 1983—2002 年从迎春（迎春是从"潮汕水仙"的天然杂交后代中经单株选择育成）的自然杂交后代中采用单株育种法育成。2003 年通过福建省农作物品种审定委员会审定，编号闽审茶 2003001。

特征　植株较高大，树姿直立，主干显。叶片呈稍上斜状着生，椭圆形，叶色深绿或绿，叶面微隆或平，富光泽，叶身平或稍内折，叶缘平，叶尖渐尖，叶齿较锐、深、稀，叶质较厚脆。福安调查，始花期通常在 10 月中旬，盛花期 11 月中旬，开花量较多，结实率较低。花冠直径 3.9 cm，花瓣 6 ～ 7 瓣，子房茸毛少，花柱 3 裂。果实为球形，果实直径 2.13 cm±0.26 cm，果皮厚度 0.066 cm±0.02 cm，种子似肾形，种径 1.64 cm±0.12 cm，种皮为棕色，百粒重 154.86 g±13.7 g。

特性　春季萌发期特早，2010 年和 2011 年在福建福安社口观测，一芽二叶初展期分别出现于 3 月 7 日和 3 月 15 日。芽叶生育力强，发芽密，持嫩性强，淡绿色，肥壮，茸毛较多，一芽三叶百芽重 51.9 g。在福建福安社口取样，2 年平均春茶一芽二叶含茶多酚 9.8%、氨基酸 6.0%、咖啡碱 3.4%、水浸出物 48.1%。产量高，每 667 m² 产干茶 200 kg 以上。适制绿茶、红茶。制绿茶，外形色绿芽壮毫显，香气高长，"栗香"显，滋味浓厚甘爽；制红茶，外形色乌润，香高味厚。

调查表明，早春毫平均叶蝉虫量比值为 0.52 ～ 0.75，该品种对小绿叶蝉的抗性较强；该品种平均螨量比值为 3.81，对茶橙瘿螨的抗性弱；见有云纹叶枯病及较严重的红锈藻病、轮斑病。抗寒、抗旱性与适应性较强。种植成活率高，扦插繁殖力较强。

适栽地区　中低海拔的福建、广东、广西等红茶、绿茶区。

栽培要点　选择土壤通透性良好的苗地扦插育苗。宜用坡地建园种植。缩小行距，每 667 m² 栽 4 000 ～ 5 000 株。幼年定期修剪 4 次，成年期修剪宜在春茶结束后进行。及时分批采摘，嫩采为主，适当延长秋茶采摘期。早春注意预防晚霜为害。

SSR 指纹图谱

引物	TP 5138	TP 1683	A 134	CSR 88	CSR 994	CSR 1391	CSR 1381
条带	0101	0011	00101	00110	0011	00101	101

福云 20 号

无性系，小乔木型，大叶类，中生种。

来源与分布　由福建省农业科学院茶叶研究所于 1957—2005 年从福鼎大白茶与云南大叶种自然杂交后代中经单株育种法育成。2005 年通过福建省农作物品种审定委员会审定，编号闽审茶 2005001。

特征　植株高大，树姿半开张，主干明显。叶片呈水平状着生，椭圆形，叶色黄绿，富光泽，叶面微隆起，叶身平展，叶缘平，叶尖渐尖，叶齿较钝、浅、密，叶质厚软。福安调查，始花期通常在 9 月下旬，盛花期在 10 月中旬，开花量中等，结实率中等。花冠直径 4.4 cm，花瓣 7 瓣，子房茸毛多，花柱 3 裂，花萼 5 片。果实为肾形，果实直径 2.15 cm±0.27 cm，果皮厚 0.067 cm±0.01 cm，种子为球形，种径 1.36 cm±0.12 cm，种皮色泽棕色或棕褐色，百粒重 135.8 g±9.25 g。

特性　春季萌发期中等，2010 年和 2011 年在福建福安社口观测，一芽二叶初展期分别出现于 3 月 31 日和 4 月 9 日。芽叶生育力，持嫩性强，黄绿色，肥壮，茸毛多，一芽三叶长 10.6 cm、一芽三叶百芽重 96.5 g。在福建福安社口取样，2 年平均春茶一芽二叶含茶多酚 18.8%、氨基酸 3.9%、咖啡碱 3.4%、水浸出物 50.6%。产量高，每 667 m² 产干茶 200 kg。适制绿茶、红茶、白茶。制烘青绿茶，条索肥壮，白毫密披，香气高，滋味浓；制白毫银针、福建雪芽等白茶，芽身长且壮，毫多，色银白，香清鲜，味鲜醇。

调查表明，该品种对小绿叶蝉的抗性中等；对茶橙瘿螨的抗性中等；见有轮斑病、云纹叶枯病。抗寒、抗旱能力较强。扦插繁殖能力强，成活率高。

适栽地区　福建中低海拔茶区。

栽培要点　中低海拔茶园种植，避免早春嫩梢受晚霜危害。适当增加种植密度与定剪次数。

SSR 指纹图谱

引物	TP 5138	TP 1683	A 134	CSR 88	CSR 994	CSR 1391	CSR 1381
条带	0101	0010	00101	00011	0011	00100	011

歌乐茶

无性系，小乔木型，大叶类，早生种。

来源与分布 原产于福建省福鼎市点头镇柏柳村，已有100多年历史。主要分布在福建东部茶区。福建北部、浙江南部、安徽南部等茶区有引种。福鼎市茶业局从福鼎大白茶有性群体中单株选育而成，2011年通过福建省农作物品种审定委员会审定，编号闽审茶2011001。

特征 植株较高大，树姿半开张，主干较明显。叶片呈水平状着生，椭圆形，叶色深绿，具光泽，叶面隆起，叶身平或稍内折，叶缘微波，叶尖钝尖，叶齿较锐、浅、密，叶质较厚脆。福安调查，始花期通常在9月下旬，盛花期在10月中旬，花量较多，结实率极低。花冠直径3.3～4.4 cm，花瓣6～7瓣，子房茸毛中等，花柱3～4裂，花萼5片。果实为球形，果实直径2.08 cm，果皮厚0.131 cm，种子球形，种径1.61 cm，种皮为棕色，百粒重70.0 g。

特性 春季萌发期早，在福建福安观测，一芽一叶期在3月22—25日，比福鼎大白茶迟2～3 d，一芽二叶期在3月27—29日，比福鼎大白茶迟2～3 d。芽叶生育力强，发芽整齐，持嫩性强，淡绿色，茸毛较多，一芽三叶长8.7 cm、一芽三叶百芽重80.0 g。在福建福安社口取样，3年平均春茶一芽二叶含茶多酚13.5%、氨基酸5.7%、咖啡碱3.6%、水浸出物46.2%。产量高，每667 m^{2}产干茶200～300 kg。适制绿茶、红茶、白茶。制烘青绿茶，色泽翠绿，白毫显露，香气清高鲜爽，滋味浓厚回甘，是制窨制花茶的优质原料；制工夫红茶，条索紧细，色乌润，白毫显，香高味醇；制白牡丹，毫显且多，香气鲜爽、毫香显，滋味清鲜、醇爽。

调查表明，该品种平均叶蝉虫量比值为1.58，对小绿叶蝉的抗性较弱；对茶橙瘿螨的抗性较强；见有轮斑病及较严重的红锈藻病。抗旱性和抗寒性强。扦插繁殖力强，成活率高。

适栽地区 福建茶区。

栽培要点 宜选择土壤湿度较高、土层深厚肥沃的地块种植。

SSR 指纹图谱

引物	TP 5138	TP 1683	A 134	CSR 88	CSR 994	CSR 1391	CSR 1381
条带	0110	0011	00101	00110	0101	00110	011

榕春早

无性系，小乔木型，中叶类，早生种。

来源与分布　由福州市经济作物技术站、福建农林大学园艺学院、罗源县茶叶技术指导站从福建省罗源县中房镇沙坂村篱笆式菜茶有性群体种中筛选育成。2012年通过福建省农作物品种审定委员会审定，编号闽审茶2012001。

特征　植株较高大，主干明显，树姿较直立，分枝部位较高。叶片呈稍上斜状着生，长椭圆形，叶色深绿具光泽，叶脉7～8对，叶面平，叶身稍内折，叶基近圆形，叶缘微波，叶尖钝尖，叶齿较钝、浅、密，叶质较厚脆。福安调查，始花期通常在11月上旬，盛花期12月上旬，花量中等，结实率中等。花冠直径3.5 cm，花瓣7瓣，子房茸毛中等，花柱3裂。果实为肾形，果实直径1.85 cm±0.24 cm，果皮厚0.063 cm±0.02 cm，种子为球形，种径1.06 cm±0.15 cm，种皮棕色，百粒重90.0 g±2.83 g。

特性　春季萌发期特早，2015年在福建福安社口观测，一芽二叶初展期在于3月12日。芽叶生育能力强，发芽密度高，持嫩性较强，黄绿色，尚肥壮，茸毛较少，一芽一叶百芽重15.0 g。在福建福安社口取样，春茶一芽二叶含茶多酚17.7%、氨基酸4.6%、水浸出物45.9%、咖啡碱3.2%。产量高，每667 m²可产干茶200 kg。适制绿茶、红茶。制扁形绿茶，外形扁平尚光滑、匀整，色泽嫩绿微黄，香气嫩香、稍显栗香，滋味浓醇鲜爽回甘，汤色嫩绿、明亮，叶底尚嫩绿亮、匀整，芽叶成朵；制红茶，外形条索紧细稍曲、匀整，色泽乌尚润，香气甜香浓爽，滋味浓较强、鲜爽，汤色红亮，叶底红匀明亮。

调查表明，该品种对小绿叶蝉的抗性中等；对茶橙瘿螨的抗性中等；调查见有轮斑病、红锈藻病及较严重的茶赤叶斑病。抗寒性、抗旱性和抗病虫性与对照福鼎大白茶相当。扦插繁殖力强，成活率高。

适栽地区　福建省绿茶和红茶区。

栽培要点　幼龄茶树3次定剪，剪位要低，促进分枝，加速树冠形成；育芽能力强，适宜立体采摘，每667 m²栽3 000株左右；提倡早采嫩采。

SSR 指纹图谱

引物	TP 5138	TP 1683	A 134	CSR 88	CSR 994	CSR 1391	CSR 1381
条带	0011	0001	00101	00110	0110	00100	011

第五章　福建省审（认）定乌龙茶品种

肉　桂

原为武夷名丛之一。无性系，灌木型，中叶类，晚生种。

产地与分布　原产于福建省武夷山马枕峰（慧苑岩亦有与此齐名之树），已有100多年栽培史。主要分布在福建武夷山内山（岩山）。福建北部、中部、南部乌龙茶茶区有大面积栽培，广东等省有引种。1985年通过福建省农作物品种审定委员会审定，编号闽审茶1985001。

特征　植株尚高大，树姿半开张，分枝较密。叶片呈水平状着生，长椭圆形，叶色深绿，叶面平，叶身内折，叶尖钝尖，叶齿较钝、浅、稀，叶质较厚软。福安调查，始花期通常在10月上旬，盛花期在10月下旬，开花量多，结实率较高。花冠直径3.0 cm，花瓣7瓣，子房茸毛中等，花柱3裂，花萼5片。花粉粒大小（极轴长×赤道轴长）47.54 μm×25.66 μm，萌发孔为3孔沟，极面观近圆形；外壁纹饰拟网状，网脊隆起，宽窄不均，由小块密集而成，脊面较光滑，网眼较小，呈圆形，脊洼较深，有少量穿孔。果实形状为肾形或三角形，果实直径1.86 cm±0.29 cm，果皮厚0.07 cm±0.018 cm，种子为球形，种径1.14 cm±0.13 cm，种皮为棕色，百粒重75.88 g±7.82 g。

特性　春季萌发期迟，2010年和2011年在福建福安社口观测，一芽二叶初展期分别出现于4月1日和4月17日。芽叶生长势强，发芽较密，持嫩性强，紫绿色，茸毛少，一芽三叶长8.5 cm、一芽三叶百芽重53.0 g。在福建福安社口取样，2年平均春茶一芽二叶含茶多酚17.7%、氨基酸3.8%、咖啡碱3.1%、水浸出物52.3%。产量高，每667 m² 产乌龙茶干茶150 kg以上。适制乌龙茶，香气浓郁辛锐似桂皮香，滋味醇厚甘爽，"岩韵"显，品质独特。

调查表明，肉桂平均叶蝉虫量比值为1.19～1.46，该品种对小绿叶蝉的抗性较弱；该品种平均螨量比值为0.43，对茶橙瘿螨的抗性较强；见有轮斑病、红锈藻病、圆赤星病。抗旱、抗寒性强。扦插繁殖力强，成活率高。

适栽地区　福建乌龙茶茶区。

栽培要点　适当增加种植密度，及时定剪3～4次，促进分枝。乌龙茶鲜叶采摘标准掌握"小至中开面"，以"中开面"为主。

SSR 指纹图谱

引物	TP 5138	TP 1683	A 134	CSR 88	CSR 994	CSR 1391	CSR 1381
条带	0110	1010	00011	00010	0010	11000	010

佛　手

别名雪梨、香橼种。无性系，灌木型，大叶类，中生种。有红芽佛手和绿芽佛手之分，主栽品种为红芽佛手。

产地与分布　原产于安溪县虎邱镇金榜骑虎岩。已有 100 多年栽培史。主要分布在福建南部、北部乌龙茶茶区。福建其他茶区有较大面积栽培，中国台湾、广东、浙江、江西、湖南等省以及日本有引种。1985 年通过福建省农作物品种审定委员会审定，编号闽认茶 1985014。

特征　植株中等，树姿开张，分枝稀。叶片呈下垂或水平状着生，卵圆形，叶色绿或黄绿，富光泽，叶面强隆起，叶身扭曲或背卷，叶缘强波，叶尖钝尖或圆尖，叶齿钝、浅、稀，叶质厚软。福安调查，始花期通常在 9 月中旬，盛花期 10 月上旬，花量少，结实率极低。花冠直径 4.0 cm，花瓣 8 瓣，子房茸毛中等，花柱 3 裂，雌蕊低于雄蕊，花萼 5 ～ 6 片。果实为球形，果实直径 2.9 cm，果皮厚 0.096 cm，种子球形，种径 1.78 cm，种皮为浅棕色，百粒重 100.5 g。

特性　春季萌发期中偏迟，2010 年和 2011 年在福建福安社口观测，一芽二叶初展期分别出现于 3 月 20 日和 4 月 5 日。芽叶生育力较强，发芽较稀，持嫩性强，绿带紫红色（绿芽佛手为淡绿色），肥壮，茸毛较少，一芽三叶长 11.5 cm、一芽三叶百芽重 147.0 g。在福建福安社口取样，2 年平均春茶一芽二叶含茶多酚 16.2%、氨基酸 3.1%、咖啡碱 3.1%、水浸出物 49.0%。产量高，每 667 m² 产乌龙茶干茶 150 kg 以上。适制乌龙茶、红茶，品质优良。制乌龙茶，条索肥壮重实，色泽褐黄绿润，香气清高幽长，似雪梨或香橼香，滋味浓醇甘鲜；制红茶，香高味醇。

调查表明，佛手平均叶蝉虫量比值为 0.98 ～ 1.07，该品种对小绿叶蝉的抗性中等偏强；该品种平均螨量比值为 0.09，对茶橙瘿螨的抗性强；见有红锈藻病、芽枯病、叶斑病。抗旱性、抗寒性较强。扦插繁殖力较强，成活率较高。

适栽地区　福建乌龙茶和部分红茶茶区。

栽培要点　选用纯壮苗木，适当密植，增加定型修剪次数 1 ～ 2 次。乌龙茶宜"小至中开面"分批采摘。

SSR 指纹图谱

引物	TP 5138	TP 1683	A 134	CSR 88	CSR 994	CSR 1391	CSR 1381
条带	0001	0100	00101	00110	0100	10100	010

朝　阳

曾用名四川大叶枇杷。无性系，小乔木型，中叶类，早生种。

来源与分布　由福建省农业科学院茶叶研究所于 1981—1993 年从崇庆枇杷茶有性后代中采用单株育种法育成。福建和广东东部有栽培。1994 年通过福建省农作物品种审定委员会审定，编号闽审茶 1994003。

特征　植株较高大，树姿直立，分枝较密。叶片呈稍上斜状着生，长椭圆形，叶色深绿，富光泽，叶面平整，叶身内折，叶缘微波，叶尖渐尖，叶齿较钝、浅、稀，叶柄有紫红点，叶质厚软。福安调查，始花期通常在 9 月下旬，盛花期在 10 月上旬，开花量少，花易衰败，几乎不结实。花冠直径 5.6 cm，花瓣 8 ~ 11 瓣、质地厚，雌蕊低于雄蕊，子房茸毛密，花柱 3 裂，花萼 5 ~ 6 片。

特性　春季萌发期早，2010 年和 2011 年在福建福安社口观测，一芽二叶初展期分别出现于 3 月 17 日和 3 月 26 日。芽叶生育力强，发芽密而齐，持嫩性强，紫绿色，茸毛少，一芽三叶长 10.0 cm、一芽三叶百芽重 75.0 g。在福建福安社口取样，2 年平均春茶一芽二叶含茶多酚 18.5%、氨基酸 4.2%、咖啡碱 4.3%、水浸出物 48.8%。产量高，每 667 m² 可产乌龙茶干茶 200 ~ 300 kg。适制乌龙茶、红茶。制乌龙茶，香气高强，滋味浓厚，有特殊品种香，制优率高。

调查表明，朝阳平均叶蝉虫量比值为 1.0 ~ 1.39，该品种对小绿叶蝉的抗性中等偏弱；该品种平均螨量比值为 0.3，对茶橙瘿螨的抗性强；见有云纹叶枯病、轮斑病、赤叶斑病和较严重的红锈藻病。抗旱性与抗寒性较强。扦插繁殖力较强，成活率较高。

适栽地区　福建乌龙茶茶区。

栽培要点　选择土壤通透性良好的苗地扦插育苗。选择土层深厚的园地双行双株种植，及时定剪 3 ~ 4 次。

SSR 指纹图谱

引物	TP 5138	TP 1683	A 134	CSR 88	CSR 994	CSR 1391	CSR 1381
条带	0110	0001	10001	00100	0101	00101	010

白芽奇兰

无性系，灌木型，中叶类，晚生种。

来源与分布 由福建省平和县农业局茶叶站和崎岭乡彭溪茶场于 1981—1995 年从当地群体中采用单株育种法育成。福建及广东东部乌龙茶茶区有栽培。1996 年通过福建省农作物品种审定委员会审定，编号闽审茶 1996001。

特征 植株中等，树姿半开张，分枝尚密。叶片呈水平状着生，长椭圆形，叶色深绿，富光泽，叶面微隆起，叶身平展，叶缘微波，叶尖渐尖，叶齿较锐、深、密，叶质较厚脆。福安调查，始花期通常在 10 月上旬，盛花期 10 月下旬，开花量中等，结实率中等。花瓣 7 瓣，子房茸毛中等，花柱 3 裂。花粉粒大小（极轴长 × 赤道轴长）41.66 μm×27.51 μm，萌发孔为拟 3 孔沟，极面观裂圆形；外壁纹饰拟网状，网脊隆起，宽窄不均，由小块密集而成，脊面成波纹状，网眼较小，呈不规则形状，脊洼较浅，穿孔较少。果实为肾形或三角形，果实直径 1.81 cm，果皮厚度 0.118 cm，种子为球形，种径 1.28 cm，种皮为棕色，百粒重 52.0 g。

特性 春季萌发期迟，2010 年和 2011 年在福建福安社口观测，一芽二叶初展期分别出现于 3 月 25 日和 4 月 10 日。芽叶生育力强，发芽较密，持嫩性强，芽叶绿色，茸毛尚多，一芽三叶百芽重 139.0 g。在福建福安社口取样，2 年平均春茶一芽二叶含茶多酚 16.4%、氨基酸 3.6%、咖啡碱 3.9%、水浸出物 48.2%。产量较高，每 667 m² 产乌龙茶干茶 130 kg 以上。适制乌龙茶、红茶。制乌龙茶，色泽褐绿润，香气清高细长，似兰花香，滋味醇厚甘鲜；制红茶，香高似兰花香，味厚。

调查表明，白芽奇兰平均叶蝉虫量比值为 0.89 ～ 1.35，该品种对小绿叶蝉的抗性较弱；该品种平均螨量比值为 0.83，对茶橙瘿螨的抗性中等；见有红锈藻病、轮斑病、云纹叶枯病。抗旱性与抗寒性强。扦插繁殖力强，成活率高。

适栽地区 乌龙茶、红茶茶区。

栽培要点 选择土壤通透性良好的苗地扦插育苗。选择土层深厚的园地双行双株种植，及时定剪 3 ～ 4 次。乌龙茶按照"小至中开面"鲜叶标准，适时分批采摘。

SSR 指纹图谱

引物	TP 5138	TP 1683	A 134	CSR 88	CSR 994	CSR 1391	CSR 1381
条带	0011	1010	00101	00110	0110	01100	010

凤圆春

曾用名圆叶观音。无性系，灌木型，中叶类，晚生种。

来源与分布　安溪县茶叶科学研究所于 1985—1998 年从当地铁观音群体中采用单株育种法育成。安溪及福建其他乌龙茶茶区有栽培。1999 年通过福建省农作物品种审定委员会审定，编号闽审茶 99001。

特征　植株适中，树姿半开张。叶片呈水平状着生，椭圆形，叶色深绿，富光泽，叶面隆起，叶身平展，叶缘波状，叶尖圆尖，叶齿较锐、浅、密，叶质厚脆。福安调查，始花期通常在 10 月中旬，盛花期 11 月中旬，开花量较多，结实率中等。花冠直径 3.3 cm，花瓣 7 瓣，子房茸毛中等，花柱 3 裂。果实为球形，果实直径 2.08 cm，果皮厚 0.096 cm，种子球形，种径 1.49 cm，种皮为棕色，百粒重 63.4 g。

特性　春季萌发期迟，2010 年和 2011 年在福建福安社口观测，一芽二叶初展期分别出现于 3 月 22 日和 4 月 7 日。芽叶生育力强，持嫩性较强，紫红色，茸毛较少，一芽三叶百芽重 148.8 g。在福建福安社口取样，2 年平均春茶一芽二叶含茶多酚 14.5%、氨基酸 5.2%、咖啡碱 3.7%、水浸出物 42.7%。产量较高，每 667 m² 产乌龙茶干茶 130 kg 以上。适制乌龙茶，条索紧结重实，色泽褐绿润，香气高强，滋味醇厚甘爽，微带甜酸味，制优率高。

调查表明，凤圆春平均叶蝉虫量比值为 1.09 ~ 1.42，该品种对小绿叶蝉的抗性较弱；该品种平均螨量比值为 0.08，对茶橙瘿螨的抗性强；见有红锈藻病，偶见圆赤星病。抗旱性强，抗寒性较强。扦插繁殖力强，成活率高。

适栽地区　福建乌龙茶茶区。

栽培要点　选用纯壮苗木，选择土层深厚、土壤肥沃、有机质含量较高、阳光充足、较通风透气的山地种植。

SSR 指纹图谱

引物	TP 5138	TP 1683	A 134	CSR 88	CSR 994	CSR 1391	CSR 1381
条带	0101	0101	00001	00010	0001	11000	011

杏仁茶

无性系，灌木型，中叶类，晚生种。

产地与分布　原产于安溪县蓬莱镇清水岩。20 世纪 60 年代初开始繁育。安溪县茶叶科学研究所于 1980—1998 年进行鉴定、扩大繁殖、推广。安溪县有较大面积种植。1999 年通过福建省农作物品种审定委员会审定，编号闽审茶 99002。

特征　植株较高大，树姿半开张，分枝密。叶片呈水平状着生，椭圆形，叶色深绿，有光泽，叶面微隆起，叶身平或稍内折，叶缘微波，叶尖圆尖，叶齿较钝、浅、稀，叶质较厚脆。福安调查，始花期通常在 10 月下旬，盛花期在 11 月中旬，开花量中等，结实率较高。花冠直径 3.2 cm，花瓣 6 瓣，子房茸毛中等，花柱 3 裂。果实为肾形，果实直径 2.03 cm±0.43 cm，果皮厚 0.05 cm±0.02 cm，种子为球形，种径 1.39 cm±0.20 cm，种皮棕色，百粒重 139.5 g±11.4 g。

特性　春季萌发期迟，2010 年和 2011 年在福建福安社口观测，一芽二叶初展期分别出现于 3 月 30 日和 4 月 15 日。芽叶肥壮，紫红色，茸毛较少，一芽三叶百芽重 139.6 g。在福建福安社口取样，2 年平均春茶一芽二叶含茶多酚 15.6%、氨基酸 4.70%、咖啡碱 3.7%、水浸出物 45.4%。产量高，每 667 m² 可产乌龙茶干茶 150 kg 以上。适制乌龙茶，制优率高，色泽褐绿润，香气高长，有独特的杏仁香味，滋味浓厚鲜爽。

调查表明，杏仁茶平均叶蝉虫量比值为 1.05～1.22，该品种对小绿叶蝉的抗性较弱；该品种平均螨量比值为 0.02，对茶橙瘿螨的抗性强；见有轮斑病和较严重的红锈藻病。抗旱性和抗寒性较强。扦插繁殖力强，成活率高。

适栽地区　福建乌龙茶茶区。

栽培要点　选用纯壮苗木，选择土层深厚、土壤肥沃、有机质含量较高、阳光充足、较通风透气的山地进行适当种植。

SSR 指纹图谱

引物	TP 5138	TP 1683	A 134	CSR 88	CSR 994	CSR 1391	CSR 1381
条带	0100	0100	01011	00100	0110	11000	010

九龙袍

品比区代号 303。无性系，灌木型，中叶类，晚生种。

来源与分布　由福建省农业科学院茶叶研究所于 1979—2000 年从武夷大红袍的自然杂交后代中经系统选育而成。福建乌龙茶茶区有栽培。2000 年通过福建省农作物品种审定委员会审定，编号闽审茶 2000002。"高香优质茶树新品种瑞香与九龙袍选育及推广应用"获福建省二〇一五年度科学技术进步奖二等奖。

特征　植株较高大，生长势强，树姿半开张，分枝密，分技能力强。叶片呈上斜状着生，叶形长椭圆，节间短，叶厚。嫩梢叶色暗黄绿，嫩叶平展、具光泽，茸毛少，叶质柔软，叶身稍内折，叶片呈上斜状着生，叶面稍隆起。叶基紫红，叶缘微波状，叶齿钝、密度中、深度浅，叶尖钝圆，侧脉较明显。福安调查，始花期通常在 10 月上旬，11 月上中旬进入盛花期，开花量中等，结实率较高。花冠直径 4.1 cm，花瓣 6～7 瓣，子房茸毛中等，花柱 3 裂。果实为球形，果实直径 1.66 cm±0.27 cm，果皮厚 0.07 cm±0.02 cm，种子为球形，种径 1.25 cm±0.12 cm，种皮为棕色，百粒重 126.58 g±4.80 g。

特性　春季萌发期迟，2010 年和 2011 年在福建福安社口观测，一芽二叶初展期分别出现于 3 月 30 日和 4 月 15 日。芽叶生育力强，发芽密，持嫩性强，紫红色，茸毛少，一芽三叶百芽重 83.0 g。在福建福安社口取样，2 年平均春茶一芽二叶含茶多酚 18.8%、氨基酸 4.1%、咖啡碱 3.2%、水浸出物 49.9%。产量高，每 667 m² 产乌龙茶干茶 200 kg 以上。适制乌龙茶，香气浓长，花香显，滋味醇爽滑口，耐冲泡，品质稳定。制红茶，香细幽，味醇厚、滑口。

调查表明，九龙袍平均叶蝉虫量比值为 1.27～1.50，该品种对小绿叶蝉的抗性较弱；该品种平均螨量比值为 0.14，对茶橙瘿螨的抗性强；见有轮斑病、红锈藻病，偶见赤叶斑病。抗寒、抗旱能力强，适应性广。扦插繁殖力较强，种植成活率高。

适栽地区　福建乌龙茶区。

栽培要点　及时定剪 3～4 次，促进分枝，尽早形成丰产树冠。采制乌龙茶，以"中开面"鲜叶原料为主。

SSR 指纹图谱

引物	TP 5138	TP 1683	A 134	CSR 88	CSR 994	CSR 1391	CSR 1381
条带	0010	0001	01001	01010	0010	01100	010

紫玫瑰

曾用名银观音，品比区代号 210。无性系，灌木型，中叶类，中生种。

来源与分布　由福建省农业科学院茶叶研究所 1978—2004 年以铁观音为母本，黄棪为父本，采用杂交育种法育成。2001 年被评为"九五"国家科技攻关优质资源。2005 年通过福建省农作物品种审定委会员审定，编号闽审茶 2005003。

特征　植株中等，树姿较直立，分枝较密。叶片呈水平状着生，椭圆形，叶色绿或深绿，叶面微隆起，叶身平，叶缘平，叶尖钝尖或渐尖，叶齿较锐、浅、密，叶质较厚脆。福安调查，始花期通常在 9 月下旬，盛花期在 10 月中旬，开花量多，结实率较高。花冠直径 3.2 cm，花瓣 6～7 瓣，子房茸毛密，花柱 3 裂。果实为球形，果实直径 2.02 cm±0.38 cm，果皮厚 0.04 cm±0.01 cm，种子为球形，种径 1.31 cm±0.19 cm，种皮为棕色，百粒重 110.7 g±6.91 g。

特性　春季萌发期中偏迟，2010 年和 2011 年在福建福安社口观测，一芽二叶初展期分别出现于 3 月 18 日和 4 月 3 日。芽叶生育力强，发芽密，持嫩性强，紫绿色，茸毛少，一芽三叶百芽重 62.0 g。在福建福安社口取样，3 年平均春茶一芽二叶含茶多酚 16.3%、氨基酸 4.5%、咖啡碱 3.1%、水浸出物 48.4%。产量高，每 667 m^2 产乌龙茶干茶可达 200 kg。适制乌龙茶、绿茶。制乌龙茶，条索紧结重实，香气馥郁幽长，味醇厚回甘，"韵味"显，具铁观音的品质特征；制绿茶，外形色绿，花香显，味醇厚。

调查表明，紫玫瑰平均叶蝉虫量比值为 0.55～0.66，该品种对小绿叶蝉的抗性较强；该品种平均螨量比值为 0.18，对茶橙瘿螨的抗性强；见有轮斑病、云纹叶枯病及较严重的红锈藻病。抗旱、抗寒能力强。扦插繁殖力强，种植成活率高。

适栽地区　福建乌龙茶区。

栽培要点　宜选择纯种健壮母树剪穗扦插，培育壮苗。选择土层深厚、土壤肥沃的黏质红黄壤园地种植，适当增加种植密度。

SSR 指纹图谱

引物	TP 5138	TP 1683	A 134	CSR 88	CSR 994	CSR 1391	CSR 1381
条带	0110	1010	00001	00010	0001	00100	001

台茶 12 号

又名金萱,系统代号 -2027。无性系,灌木型,中叶类,中生(偏早)种。

来源与分布 由台湾省茶业改良场以台农 8 号为母本、硬枝红心为父本,采用杂交育种法育成。主要分布于中国台湾东部茶区,福建、广东、广西等亦有较大面积种植。由福建省农业科学院茶叶研究所、漳平台湾农民创业园区管理委员会、福安市茶业管理局、宁德职业技术学院引种鉴定,2011 年通过福建省农作物品种审定委员会审定,编号闽审茶 2011002。

特征 植株中等,树姿开张,分枝密度大,发芽密度较高,持嫩性较强,生长势强;叶片呈稍上斜状着生,叶形近椭圆形,叶面较平,叶色淡绿,具光泽,茸毛较多,叶面微隆,叶身稍内折,叶缘波状,叶尖钝尖,叶齿锐度中、密度密、深度浅,叶质厚较软。福安调查,始花期通常在 9 月下旬,盛花期在 10 月中旬,开花量多,结实率高。花冠直径 4.0 cm,花瓣 6 ~ 8 瓣,子房茸毛较多,花柱 3 裂、裂位低,雌蕊高,花萼 5 片。花粉粒大小(极轴长 × 赤道轴长)52.13 μm×27.31 μm,萌发孔为拟 3 孔沟,极面观裂圆形;外壁纹饰拟网状,网脊隆起,宽窄不均,由小块密集而成,脊面成波纹状较光滑,网眼较小,近圆形或小沟状,脊洼较浅,无穿孔。果实为肾形,果实直径 2.08 cm,果皮厚 0.079 cm,种子为球形,种径 1.49 cm,种皮为棕色,百粒重 90.5 g。

特性 在福建福安春茶一芽一叶初展期 3 年平均比对照种黄旦迟 6 d,一芽三叶初展期比黄旦迟 12 d,乌龙茶开采期在 4 月中旬。春梢一芽二叶百芽重 67.0 g。在福建福安社口取样,2 年平均春茶一芽二叶含茶多酚 19.24%、氨基酸 4.37%、咖啡碱 3.28%、水浸出物 49.9%。产量较高,每 667 m² 产乌龙茶干茶 130 kg 以上。适制乌龙茶,兼制绿茶。制乌龙茶色泽深绿润,汤色绿黄清澈,香显,汤中有香、醇厚、滑口;制绿茶栗香显,滋味鲜醇。

调查表明,该品种对小绿叶蝉的抗性较弱;对茶橙瘿螨的抗性较强;较易受茶丽纹象甲为害;见有茶褐色叶斑病、赤叶斑病及较严重的红锈藻病;抗旱能力中等,抗寒能力强,适应性较强。

适栽地区 福建及相似茶区。

栽培要点 耐肥性强,要加强肥培管理。亩植苗 3 000 株左右,幼年期定剪 2 ~ 4 次。制乌龙茶采小至中开面新梢,宜采用轻晒青、轻摇青初制工艺。

SSR 指纹图谱

引物	TP 5138	TP 1683	A 134	CSR 88	CSR 994	CSR 1391	CSR 1381
条带	0101	0011	01001	00001	0001	00101	001

大红袍

无性系,灌木型,中叶类,晚生种。

来源与分布　武夷传统五大珍贵名丛之一。来源于武夷山风景区天心岩九龙窠岩壁上母树。在福建武夷山茶区有较大面积种植应用。由武夷山市茶业局选育而成,2012年通过福建省农作物品种审定委员会审定,编号闽审茶2012002。

特征　植株中等大小,树姿半开张,分枝较密。叶片呈稍上斜状着生,椭圆形,叶色深绿,有光泽,叶面微隆,叶身或稍内折,叶齿锐度中、密度中、深度浅,叶缘平或微波状,叶尖钝尖、略下垂,叶质较厚脆。福安调查,始花期通常在10月上旬,盛花期10月下旬,开花量多,结实率高。花冠直径3.4 cm,花瓣6瓣,子房茸毛中等,花柱3裂,雌雄蕊大多等高,花萼5片。花粉粒大小(极轴长×赤道轴长)46.40 μm×25.68 μm,萌发孔为3孔沟,极面观近圆形;外壁纹饰拟网状,网脊隆起,宽窄不均,由小块密集而成,脊面呈波浪状,网眼较小,呈圆形或不规则形状,穿孔较少,脊洼较浅。果实为三角形,果实直径2.35 cm±0.31 cm,果皮厚0.07 cm±0.02 cm,种子为球形,种径1.18 cm±0.20 cm,种皮为棕色,百粒重101.16 g±14.0 g。

特性　春季萌发迟,2010年和2011年在福建福安社口观测,一芽三叶盛期出现于4月中后期。芽叶生育能力较强,发芽较密、整齐,持嫩性强,淡绿色,茸毛较多,一芽二叶百芽重80.0 g。在福建福安社口取样,2年平均春茶一芽二叶含茶多酚17.1%、氨基酸5.0%、咖啡碱3.5%、水浸出物51.0%。产量中等,每667 m² 产乌龙茶干茶100 kg以上。适制乌龙茶,品质优。制乌龙茶,外形条索紧结、色泽乌润、匀整、洁净;内质香气浓长;滋味醇厚、回甘、较滑爽;汤色深橙黄;叶底软亮、朱砂色明显。

调查表明,大红袍平均叶蝉虫量比值为0.56～0.92,该品种对小绿叶蝉的抗性较强;对茶橙瘿螨的抗性中等;见有红锈藻病。抗旱、抗寒性较强。扦插繁殖力强,成活率高。

适栽地区　福建乌龙茶区。

栽培要点　树冠培养采大养小,采高留低,打顶护侧。成龄茶园重施和适当早施基肥,注重茶园深翻、客土。

SSR 指纹图谱

引物	TP 5138	TP 1683	A 134	CSR 88	CSR 994	CSR 1391	CSR 1381
条带	0011	0101	01001	00010	0100	01100	001

春　闰

品比区代号 308。无性系，灌木型，小叶类，晚生种。

来源与分布　福建省农业科学院茶叶研究所，从黄旦自然杂交后代中采用单株育种法育成。2015 年通过福建省农作物品种审定委员会审定，编号闽审茶 2015001。

特征　植株中等，树姿半开张，分枝密度较大，发芽密度较高，持嫩性较强，生长势强；叶片呈稍上斜状着生，叶形呈椭圆形，叶面较平，芽叶黄绿色，具光泽，茸毛中等，叶面平，叶身稍内折，叶缘微波状，叶尖渐尖，叶齿锐度钝、密度密、深度浅，叶质柔软，持嫩性较强。福安调查，始花期通常在 10 月上旬，盛花期 10 月下旬，花开量较多，结实率较高。花冠直径 3.0 cm，花瓣 7～8 瓣，子房茸毛较多，花柱 3～4 裂，雌蕊高，花萼 5 片。果实为肾形，果实直径 2.51 cm，果皮厚 0.09 cm，种子为球形，种径 1.35 cm，种皮为棕色，百粒重 75.8 g。

特性　在福建福安，通常春梢一芽二叶期在 4 月中旬，比对照种黄旦迟 11 天，乌龙茶开采期在 5 月 1 日前后。芽梢密度较高，春季一芽三叶百芽重约 74.0 g。在福建福安社口取样，3 年平均春茶一芽二叶鲜叶样约含茶多酚 17.8%、氨基酸 4.2%、儿茶素总量 13.3%、咖啡碱 3.8%、水浸出物 41.4%。产量较高，每 667 m² 产乌龙茶干茶 130 kg 以上。适制乌龙茶、绿茶，均有浓郁花香，品质优。制闽南乌龙茶汤色蜜绿、花香显露、滋味清爽带花味；制闽北乌龙茶桂花香特显，滋味醇甜、汤中香显，具有特殊的品种韵香，叶底有余香，耐冲泡，品质优且制优率高；制绿茶香气清高有花香、味醇厚爽口。

调查表明，该品种对小绿叶蝉的抗性较强；对茶橙瘿螨的抗性强；见有红锈藻病。耐寒、耐旱能力与对照种黄旦相当；适应性较强。扦插与种植成活率高。

适栽地区　福建及相似乌龙茶、绿茶区。

栽培要点　春闰亩植茶苗 4 000～5 000 株，幼年期定剪 3～4 次。因芽期较迟，注意防治茶假眼小绿叶蝉、螨类等为害。制闽南乌龙茶采小至中开面新梢，采用轻晒青、轻摇青初制工艺。

第六章　调查汇总表

一、福建茶树品种春梢生育期汇总表（表 1、表 2）

表 1　绿茶品种 2 年春梢物候期调查汇总

品　　种	一叶初展期与 CK 平均差异天数	二叶初展期与 CK 平均差异天数	三叶初展期与 CK 平均差异天数	备　注
霞浦元宵茶	+24	+22	+18	
早春毫	+17	+17	+14	
早逢春	+17	+17	+14	特早生种
霞浦春波绿	+17	+17	+14	
福云 6 号	+10	+9	+6	
九龙大白茶	+2	0	0	
福云 595	0	+1	0	
福鼎大白茶	0	0	0	早生种
福云 10 号	-2	-1	0	
福鼎大毫茶	+2	-1	-1	
福安大白茶	0	-2	-2	
福云 7 号	-4	-3	-5	
福云 20 号	-8	-7	-8	中生种
政和大白茶	-16	-15	-17	晚生种

注：对照品种福鼎大白茶（CK）；调查地点：福安社口。

表 2　乌龙茶品种 2 年春梢物候期调查汇总

品　种	一叶初展期与 CK 平均差异天数	二叶初展期与 CK 平均差异天数	三叶初展期与 CK 平均差异天数	备　注
茗科 1 号	-1	-2	0	
黄玫瑰	-1	-6	-2	
黄观音	-3	-6	-2	
金牡丹	-9	-9	-4	早生种
八仙茶	-9	-9	-4	
春　兰	-6	-8	-4	
丹　桂	-6	-8	-5	
黄旦（CK）	0	0	0	
朝　阳	-6	-8	-7	
紫牡丹	-10	-10	-6	
春　闺	-11	-11	-10	
紫玫瑰	-11	-12	-8	
梅　占	-12	-12	-8	
铁观音	-13	-13	-8	中生种 或中偏晚 生种
悦茗香	-11	-12	-9	
本　山	-15	-15	-9	
毛　蟹	-13	-13	-10	
红芽佛手	-13	-14	-10	
黄　奇	-13	-15	-10	
凤圆春	-14	-14	-11	
大叶乌龙	-16	-15	-13	
瑞　香	-16	-16	-15	
福建水仙	-17	-18	-15	
白芽奇兰	-17	-18	-16	晚生种
杏仁茶	-20	-22	-17	
九龙袍	-23	-24	-20	
肉　桂	-24	-24	-20	

注：对照品种黄旦（CK）；调查地点：福安市社口。

二、福建茶树品种春季第一批一芽二叶主要生化成分表（表3）

表3　福建茶树品种春季新梢主要生化检测结果　　　　（单位：%）

编　号	品　　种	水浸出物	茶多酚	游离氨基酸	咖啡碱	备　注
1	福鼎大白茶	49.8	14.8	4.0	3.3	
2	福鼎大毫茶	47.2	17.3	5.3	3.2	
3	福安大白茶	51.3	15.5	6.1	3.4	
4	政和大白茶	46.8	13.5	5.9	3.3	国家级绿茶品种
5	福云6号	45.1	14.9	4.7	2.9	
6	福云7号	48.9	13.6	4.0	4.1	
7	福云10号	46.3	14.7	4.3	3.1	
8	霞浦春波绿	42.7	17.2	4.0	3.1	
9	梅　占	51.7	16.5	4.1	3.9	
10	毛　蟹	48.2	14.7	4.2	3.2	
11	铁观音	51.0	17.4	4.7	3.7	
12	黄　旦	48.0	16.2	3.5	3.6	
13	福建水仙	50.5	17.6	3.3	4.0	
14	本　山	48.7	14.5	4.1	3.4	
15	大叶乌龙	48.3	17.5	4.2	3.4	
16	八仙茶	52.6	18.0	4.0	4.2	
17	黄观音	48.4	19.4	4.8	3.4	国家级乌龙茶品种
18	悦茗香	49.4	21.4	3.6	3.9	
19	茗科1号	45.6	19.0	4.4	3.8	
20	黄　奇	50.2	19.6	4.2	4.0	
21	丹　桂	49.9	17.7	3.3	3.2	
22	春　兰	51.4	15.6	5.7	3.7	
23	瑞　香	51.3	17.5	3.9	3.7	
24	金牡丹	49.6	18.6	5.1	3.6	
25	黄玫瑰	49.6	15.9	5.0	3.3	
26	紫牡丹	48.6	18.4	5.0	4.3	

（续表）

编号	品 种	水浸出物	茶多酚	游离氨基酸	咖啡碱	备 注
27	早逢春	46.2	14.7	4.6	2.9	
28	福云 595	47.3	12.5	4.7	5.0	
29	九龙大白茶	44.1	13.0	4.1	3.6	
30	霞浦元宵茶	47.3	16.5	4.5	3.5	省级
31	早春毫	48.1	9.8	6.0	3.4	绿茶品种
32	福云 20 号	50.6	18.8	3.9	3.4	
33	歌乐茶	46.2	13.5	5.7	3.6	
34	榕春早	45.9	17.7	4.6	3.2	
35	肉 桂	52.3	17.7	3.8	3.1	
36	红芽佛手	49.0	16.2	3.1	3.1	
37	朝 阳	48.8	18.5	4.2	4.3	
38	白芽奇兰	48.2	16.4	3.6	3.9	
39	凤圆春	42.7	14.5	5.2	3.7	
40	杏仁茶	45.4	15.6	4.7	3.7	省级
41	九龙袍	49.9	18.8	4.1	3.2	乌龙茶品种
42	紫玫瑰	48.4	16.3	6.2	3.1	
43	大红袍	51.0	17.1	5.0	3.5	
44	金 萱	49.9	19.2	4.4	3.3	
45	春 闺	41.4	17.8	4.2	3.8	

注：由农业部茶叶质量监督检验测试中心等检测，取 2010—2013 年 2～4 年平均值。

三、福建茶树品种抗性调查汇总表（表4）

表 4 福建茶树品种对主要害虫抗性评价汇总

编号	品 种	对小绿叶蝉抗性	对茶橙瘿螨抗性	病害调查情况
1	福鼎大白茶	较弱	强	见有轮斑病、红锈藻病、云纹叶枯病
2	福鼎大毫茶	较强	强	见有红锈藻病，较严重的轮斑病
3	福安大白茶	较强	强	见有较严重的轮斑病和红锈藻病

（续表）

编号	品　　种	对小绿叶蝉抗性	对茶橙瘿螨抗性	病害调查情况
4	政和大白茶	弱	强	见有云纹叶枯病，较严重的红锈藻病
5	福云6号	中等	弱	见有轮斑病、藻斑病、茶赤叶斑病、炭疽病
6	福云7号	较弱	较强	见有云纹叶枯病、芽枯病
7	福云10号	弱	较弱	见有轮斑病、赤叶斑病
8	霞浦春波绿	较强	弱	见有轮斑病、云纹叶枯病
9	梅　占	较弱	强	见有轮斑病、红锈藻病、圆赤星病
10	毛　蟹	中等	强	见有轮斑病、圆赤星病、云纹叶枯病及较严重红锈藻病
11	铁观音	较强	较强	见有赤叶斑病、圆赤星病
12	黄　旦	较强	强	见有轮斑病、云纹叶枯病、圆赤星病
13	福建水仙	较弱	强	见有红锈藻病、云纹叶枯病
14	本　山	较强	强	见有红锈藻病、芽枯病、赤叶斑病
15	大叶乌龙	较强	强	见有轮斑病及较严重的圆赤星病
16	八仙茶	较强	强	见有轮斑病、云纹叶枯病及较严重的红锈藻病
17	黄观音	较强	弱	见有轮斑病、红锈藻病
18	悦茗香	较强	中等	见有云纹叶枯病
19	茗科1号	较强	中等	见有云纹叶枯病及较严重的红锈藻病
20	黄　奇	中等	强	见有轮斑病和较严重的红锈藻病
21	丹　桂	较强	较强	见有轮斑病、云纹叶枯病
22	春　兰	较强	较强	见有轮斑病、红锈藻病
23	瑞　香	较强	较强	见有轮斑病及较严重的红锈藻病
24	金牡丹	较强	较强	见有赤叶斑病、轮斑病、云纹叶枯病及较严重的红锈藻病
25	黄玫瑰	较强	弱	见有轮斑病、红锈藻病、赤叶斑病
26	紫牡丹	较强	较强	见有轮斑病、藻斑病及较严重的红锈藻病
27	早逢春	较强	中等	见有轮斑病、红锈藻病及较严重的红锈藻病
28	福云595	较弱	较强	见有云纹叶枯病、炭疽病、轮斑病
29	九龙大白茶	较弱	强	见有红锈藻病、赤叶斑病、圆赤星病

（续表）

编号	品　种	对小绿叶蝉抗性	对茶橙瘿螨抗性	病害调查情况
30	霞浦元宵茶	较强	强	见有轮斑病，偶见红锈藻病
31	早春毫	较强	弱	见有云纹叶枯病及较严重的红锈藻病、轮斑病
32	福云20号	中等	中等	调查该品种见有轮斑病、云纹叶枯病
33	歌乐茶	较弱	较强	见有轮斑病及较严重的红锈藻病
34	榕春早	中等	中等	见有轮斑病、红锈藻病及较严重的茶赤叶斑病。
35	肉　桂	较弱	较强	见有轮斑病、红锈藻病、圆赤星病
36	红芽佛手	较强	强	见有红锈藻病、芽枯病、叶斑病
37	朝　阳	较弱	强	见有云纹叶枯病、轮斑病、赤叶斑病和较严重的红锈藻病
38	白芽奇兰	较弱	中等	见有红锈藻病、轮斑病、云纹叶枯病
39	凤圆春	较弱	强	见有红锈藻病，偶见圆赤星病
40	杏仁茶	较弱	强	见有轮斑病和较严重的红锈藻病
41	九龙袍	较弱	强	见有轮斑病、红锈藻病，偶见赤叶斑病
42	紫玫瑰	较强	强	见有轮斑病、云纹叶枯病及较严重的红锈藻病
43	金　萱	较弱	较强	见有茶褐色叶斑病、赤叶斑病及较严重的红锈藻病
44	大红袍	较强	中等	见有红锈藻病
45	春　闺	较强	强	见有红锈藻病

四、福建茶树品种亲缘关系分析及 SSR 分子指纹图谱构建

1. 福建茶树品种亲缘关系分析

43 个福建省选育茶树品种 SSR 分子标记聚类图见图 1。

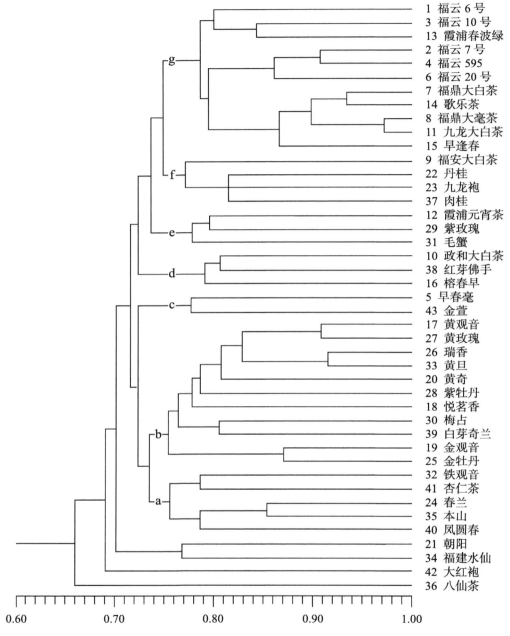

图1 43个福建省选育茶树品种 SSR 分子标记聚类图

从 43 个福建省选育的茶树品种的聚类图及品种间的遗传距离可见，遗传距离与品种的发源地、品种的亲本来源及品种形态特征有较强的相关性。

聚类图中看出遗传距离最远的 4 个品种分别为八仙茶、大红袍、福建水仙及朝阳。八仙茶从福建省诏安县秀篆镇寨坪村群体中采用单株育种法选育而成，发源于广东凤凰水仙群体种；朝阳从四川的崇庆枇杷茶有性后代中采用单株育种法育成。大红袍和福建水仙分别发源于闽北茶区的武夷山市与建阳市，有独特的形态、种性特征。福建水仙株型高大，分枝稀，叶片宽大肥厚，结实率极低；大红袍属武夷四大名枞之一，生育期特迟。

剩余 39 个茶树品种可聚类为 7 个类群。从图 1 可看出，16 个绿茶品种有 11 个集中聚合于 g 群（分别为：福云 6 号、福云 10 号、霞浦春波绿、福云 7 号、福云 595、福云 20 号、福鼎大白茶、歌乐茶、福鼎大毫茶、九龙大白茶、早逢春）。27 个乌龙茶品种则有 16 个集中聚合于 a、b 两个类群（分别为：黄观音、黄玫瑰、瑞香、黄旦、黄奇、紫牡丹、悦茗香、梅占、白芽奇兰、金观音、金牡丹、铁观音、杏仁茶、春兰、本山、凤圆春），而介于 a、b 与 g 之间的 c、d、e、f 4 个小群中即含有绿茶品种也含有乌龙茶品种（共 12 个，c 群：金萱、早春毫；d 群：榕春早、佛手、政和大白茶；e 群：毛蟹、紫玫瑰、霞浦元宵茶；f 群：肉桂、九龙袍、丹桂、福安大白茶）。

从聚类图与相似系数中能直观地看出乌龙茶品种比绿茶品种的遗传多样性丰富，16 个绿茶品种有 11 个聚合于 g 群，主要为福云系列品种以及来源于福鼎、霞浦等的品种。而 27 个乌龙茶品种的聚类结果则更为多样化，在聚类图中距离最远的 4 个品种均为乌龙茶品种，而且图中明显看出乌龙茶品种间的相似系数整体比绿茶品种低。

亲本来源相同的品种表现出较高的相似系数，从而聚合于一类。如绿茶品种中的福云系列（福云 6 号、福云 10 号、福云 7 号、福云 595、福云 20 号等），其亲本为福鼎大白茶和云南大叶种。乌龙茶品种中亲本为黄旦的品种有黄观音、黄玫瑰、瑞香、黄奇等，这 5 个品种不仅形态特征相似，而且呈现出更高的遗传相似系数从而聚合于一群，聚类结果和形态特征相互应证。

来源地相同的品种，也表现出较高的相似系数而聚合于一类；如来源于福鼎市的品种福鼎大白茶、歌乐茶、福鼎大毫茶、早逢春等聚合于一类；而同样来源于安溪的品种如铁观音、杏仁茶、本山、凤圆春等也聚合于一类。

2. 福建茶树品种 SSR 分子指纹图谱构建

构建 SSR 指纹图谱所用引物名称及序列见表 5。

43 个福建省选育茶树品种 SSR 指纹图谱见表 6。

表 5　SSR 指纹图谱所用引物名称及序列

Primer	Forward Primer（5'–3'）	Reverse Primer（5'–3'）	Ta（℃）	Expected Size of Alleles（bp）
CSR 88	AAGGAAAATCTATGGTGAA	ATGGTCAATGCTTGGAG	54	174
CSR994	TCCAACCATGTATTCCCGTT	GATTAGGCGAGAGCAGAAGCG	52	138
CSR1391	TCAATCACCCTCCATTGAAA	CGTATACCATGGTCGGAAGG	52	190
CSR1381	TTCAAAGTCATGACAGCCAAA	GCCACTCCTCCAACTCCATA	52	179
TP5138	TGTGCTGTTATGTTTACCTGCAA	CCGATTCGGAAAATAGATGGA	52	100
TP1683	AGTTGTTCATGGAGGCAAGG	ACTTGGCCCTCTTCTTAGGC	52	183
A134	ACCCAAAATATGAAACAACATG	TGACTACTGCACTGACACTGCTA	52	201

表 6　43 个福建省选育茶树品种 SSR 指纹图谱

品　种	TP 5138			TP 1683			A 134			CSR 88			CSR 994			CSR 1391			CSR 1381		
福云 6 号	0	1	0	0	0	1	0	0	1	0	0	0	0	1	0	0	1	0	0	1	0
福云 7 号	0	1	0	0	0	0	1	0	0	0	0	0	1	0	0	0	1	0	0	0	1
福云 10 号	0	1	0	0	0	1	0	0	1	0	0	0	1	0	0	0	1	0	0	0	1
福云 595	0	1	0	0	0	1	0	0	0	0	0	0	1	0	0	0	1	0	0	0	1
早春毫	0	1	0	0	0	1	0	0	0	0	0	1	1	0	0	0	1	0	1	0	0
福云 20 号	0	1	0	0	0	1	0	0	0	0	0	0	1	0	0	0	1	0	0	0	1
福鼎大白茶	0	1	0	0	0	1	0	0	1	0	0	0	0	1	0	1	0	0	0	1	0
福鼎大毫茶	0	1	0	0	0	1	0	0	0	0	0	0	1	0	0	1	0	0	0	1	0

（续表）

品　种	引　物																														
	TP 5138				TP 1683				A 134					CSR 88				CSR 994					CSR 1391					CSR 1381			
福安大白茶	0	1	1	0	0	1	1	1	1	0	0	0	1	1	0	0	1	1	0	0	1	1	1	0	0	1	0	0	1	1
政和大白茶	0	1	0	0	0	0	1	0	0	1	0	0	1	0	0	1	0	1	0	1	0	0	1	0	0	1	0	0	1	1
九龙大白茶	0	0	0	1	1	1	0	1	1	1	0	0	1	1	0	1	0	0	0	0	1	0	1	1	0	1	0	1	0	0
霞浦元宵茶	0	1	1	0	1	1	0	0	0	0	1	0	1	0	1	0	1	0	1	0	0	0	0	1	0	1	0	0	1	1
霞浦春波绿	0	1	1	0	0	0	0	0	0	0	1	0	1	1	0	1	0	0	1	0	0	0	1	0	0	0	0	0	1	1
歌乐茶	0	1	0	0	0	0	1	1	1	1	0	0	1	1	0	0	0	1	0	1	0	1	0	1	0	0	1	0	1	1
早逢春	1	0	0	0	0	0	1	0	0	1	0	0	1	1	0	1	0	0	1	0	1	0	1	0	0	1	0	0	1	0
榕春早	0	0	1	0	0	0	1	0	1	1	0	0	1	1	0	0	0	1	0	1	0	1	0	1	0	1	0	1	0	1
黄观音	0	0	0	0	0	1	0	0	0	0	0	0	1	0	1	0	0	1	0	0	1	0	1	0	0	0	0	0	0	1
悦茗香	0	0	1	1	0	0	1	1	0	0	1	1	0	0	0	1	1	0	0	0	1	0	1	1	0	1	0	1	0	1
茗科1号	0	0	0	1	0	1	0	1	0	0	0	1	1	1	0	0	0	0	0	1	0	0	1	0	1	0	0	0	1	0
黄奇	0	0	0	0	0	0	0	0	0	1	0	0	1	1	0	1	0	1	0	1	0	0	1	0	0	1	0	1	0	1
朝阳	0	1	1	0	0	0	1	0	1	1	0	0	1	0	1	0	0	1	0	1	0	1	1	0	0	1	0	0	1	0
丹桂	0	0	0	1	1	0	0	0	0	0	1	0	1	0	1	0	0	0	1	0	1	0	1	0	0	0	0	1	0	0
九龙袍	0	1	0	0	0	0	1	0	1	1	0	0	1	1	0	0	0	1	0	1	0	0	1	0	0	0	0	0	1	0
春兰	0	1	1	0	1	0	0	0	0	0	1	0	1	1	0	0	1	1	0	1	0	1	0	1	0	1	0	0	1	0
金牡丹	0	1	0	1	1	0	0	1	1	0	0	0	1	1	0	0	0	1	0	1	0	1	1	0	0	1	0	1	0	0
瑞香	0	0	1	0	0	1	0	0	0	1	0	0	1	1	0	0	0	1	0	1	0	0	1	0	0	1	0	0	1	1

（续表）

品　种	TP 5138		TP 1683			A 134				CSR 88				CSR 994				CSR 1391				CSR 1381		
黄玫瑰	0	1	0	0	1	0	1	0	1	0	0	0	1	0	1	0	0	0	1	0	0	0	1	1
紫牡丹	1	0	0	0	1	0	1	0	1	0	1	1	0	1	0	1	0	1	0	1	0	0	1	0
紫玫瑰	0	1	1	0	0	0	0	0	1	0	1	0	0	1	0	1	0	0	1	1	0	0	0	1
梅　占	1	1	0	1	0	0	1	0	1	0	0	1	0	0	1	0	1	1	0	0	0	0	0	1
毛　蟹	1	0	0	0	1	0	0	1	1	1	1	1	0	1	0	0	1	0	0	0	0	0	1	1
铁观音	0	1	0	0	0	0	0	0	1	0	1	0	0	0	1	0	0	0	1	0	0	0	1	1
黄　旦	0	0	0	0	0	0	0	0	1	0	0	1	0	1	0	1	0	0	0	1	0	0	0	1
福建水仙	1	1	0	1	0	0	1	0	1	1	0	1	0	0	1	0	0	0	1	0	0	0	1	1
本　山	0	0	1	1	0	0	1	0	1	0	1	1	1	1	0	0	1	1	0	0	0	0	1	1
八仙茶	1	0	0	0	1	0	1	0	1	0	0	1	0	1	0	0	0	0	0	1	1	0	0	1
肉　桂	0	0	1	0	0	0	0	1	1	0	0	1	0	1	0	1	1	1	0	0	0	0	1	0
佛　手	0	0	0	1	0	0	1	0	1	0	1	0	1	0	0	1	0	0	0	1	0	0	1	0
白芽奇兰	0	1	1	0	1	0	0	0	1	0	1	0	0	1	0	1	1	1	1	0	0	0	1	0
凤圆春	0	0	0	0	1	0	1	0	1	0	0	1	0	0	1	0	1	1	0	0	0	0	1	1
杏仁茶	1	0	0	1	0	0	0	1	1	0	1	0	0	1	0	1	1	0	0	0	0	0	1	0
大红袍	0	1	1	0	1	0	0	1	1	0	0	0	1	0	0	0	0	0	0	1	0	0	0	1
金　萱	1	0	0	0	1	0	0	0	1	0	0	0	1	0	1	0	0	1	0	0	1	0	0	1

主要参考文献

陈亮，杨亚军，虞富莲，等．2005．茶树种质资源描述规范和数据标准 [M]．北京：
　　中国农业出版社．

凤凰镇人民政府．2008．中国凤凰单丛茶图谱 [M]．深圳：海天出版社．

福建省农业科学院茶叶研究所．1980．茶树品种志 [M]．福州：福建人民出版社．

福建省农业厅种植业管理处．2014．福建省首批茶树资源保护目录 [M]．福州：福
　　建科学技术出版社．

梁名志，田易萍．2012．云南茶树品种志 [M]．昆明：云南科技出版社．

罗盛财．2007．武夷岩茶名丛录 [M]．北京：科学出版社．

倪穗，李纪元．2007．山茶属植物花粉形态的研究进展 [J]．江西林业科技（3）．

彭艾．2009．闽台主要茶树品种遗传多样性及亲缘关系研究 [D]．福州：福建农林
　　大学．

全国茶树品种鉴定委员会．2002．全国茶树品种区域试验暂行技术规程．

王伏雄．1995．中国植物花粉形态 [M]．北京：科学出版社．

杨亚军，梁月荣．2014．中国无性系茶树品种志 [M]．上海：上海科学技术出版社．

余文权，陈常颂，等．2015．福建茶树品种良种选育与应用 [M]．北京：中国农业
　　科学技术出版社．

《中国茶树品种志》编写委员会．2001．中国茶树品种志 [M]．上海：上海科学技术
　　出版社．

附　录

全国茶树品种区域试验暂行技术规程

一、试验目的

茶树品种区域试验是新品种选育的必需程序，是由品种管理部门组织的按统一方案进行的试验，目的是通过对物候期、产量、品质和抗性的鉴定，明确参试品种适宜种植的范围和适合制作的茶类以及栽培过程中需防范的灾害。

二、区试点的设置与试验周期

全国区试在主产省设置 10 个左右区试点，并设立品质、抗性专业鉴定点。每轮区试的区试点由区试主持单位提出，全国农技推广中心审定。全国茶树品种区域试验每轮进行 6 ～ 7 年。每隔 3 ～ 4 年如有 10 个以上品种申请区试，经主管部门的批准即可启动新一轮试验。每个品种安排三个试验点，每个试验点承试品种的数量最多不超过 17 个（含对照种）。

三、田间布置

1. 试验田：田间四周空旷，地势较平坦，土壤结构良好，土层深厚，无塥土，肥力中等，同一试验区肥力一致，pH 是 4.5 ～ 6.0。试验田附近有水源，排水良好。

2. 对照品种：绿茶为福鼎大白茶，乌龙茶为黄棪，红茶为英红 1 号；专业点应增加相应的境外主栽品种。

3. 苗木要求：参试茶苗应符合《GB 11767 茶树种苗》一级苗标准，每品种不少于 2 400 株，其中三个区试点各 700 株，专业鉴定点 300 株。

4. 小区设计：三次重复，随机排列，小区长度 9 m，面积 13.5 m²。设保护行。双行双株侧窝种植，大行距 150 cm，小行距 40 cm，穴距 33 cm。提倡设立副区。

四、栽培管理措施

1. 定型修剪：分三次进行。第一次在定植时进行，高度 15 ～ 20 cm；一年以后每年春茶前在前一次剪口上提高 10 ～ 20 cm 进行第二、三次定剪。第三年开始夏秋季打顶养蓬。注意乔木型与灌木型的区别。

2. 施肥和耕作：一年至少施 1 次基肥和 2 次追肥。肥料种类、施肥量和日期可参照当地丰产茶园的管理水平，每个区的施肥量要保持一致。中耕在秋季进行，及时人工除去杂草。

3. 病虫害防治：根据病虫发生情况及时防治。

五、试验观察记载

1. 区试基本情况：包括区试点的地理位置（经纬度、海拔）、气象（年、月平均气温、极端高温和极端低温，全年和各月的降水量）、土壤（类型、pH 值、肥力、深度），试验田布置（平面布置图、试验品种、对照品种、布置排列方式、重复次数、小区面积）、种植情况（茶园开垦时间、耕作深度、种植方式和时间、施肥种类、数量和时间、种植密度等），当地主产茶类和主栽品种。上述各项均需记载。

2. 田间管理：包括中耕、除草、施肥、灌溉、修剪、采摘、防病除虫等，将时间、数量、标准和天气情况等详细记载，建好田间管理档案。施肥、防治病虫可记载在表 1、2 中，也可记录在工作日记内。

表 1　施肥记录

施肥日期	肥料类别	肥料名称	用量（kg/亩）	施肥方式	备注（天气）

记载人：　　　　　　　　　　　　　　审核人：

表 2　病虫防治记录

防治日期	病虫种类	施用农药	剂量（g 或 mL/亩）	备注（天气）

记载人：　　　　　　　　　　　　　　审核人：

3. 茶苗成活率调查：茶苗定植后第一至三年调查成活率，包括株成活率和丛成活率：

株成活率（%）＝成活苗株数 / 定植苗株数 ×100

丛成活率（%）＝成活丛数 / 定植丛数 ×100

表3 苗木成活率调查表

品种	Ⅰ区		Ⅱ区		Ⅲ区		合计		成活率%		备注
	缺株数	缺丛数	缺株数	缺丛数	缺株数	缺丛数	缺株数	缺丛数	株成活率	丛成活率	
CK											

（每小区植茶　　丛　　株，三区合计　　丛，　　株。）

定植日期：　　年　月　日　　　　　　调查日期：　　年　月　日

调查人：　　　　　　　　记录人：　　　　　　　　审核人：

表4 成活率调查汇总表　　　　　　　　（单位：%）

品种	定植一年		定植二年		定植三年		备注
	株成活率	丛成活率	株成活率	丛成活率	株成活率	丛成活率	
CK							

汇总日期：　　年　月　日　　　　　汇总人：　　　　　　　审核人：

4.高幅度测量：第2、第3次定型修剪前测量茶树高度和幅度。每个重复定点取样5个（如茶行长9 m，则分别定点在1 m、3 m、5 m、7 m、9 m中心处）测量茶行高度和幅度。具体在1 m、3 m、5 m、7 m、9 m的中心点测量最高枝梢的高度和与双行茶行的幅度，计算平均数。

表5 定型修剪前的茶树高度和幅度调查　　　　（单位：cm）

品种	定点	Ⅰ区		Ⅱ区		Ⅲ区		三区平均		备注
		树高	树幅	树高	树幅	树高	树幅	树高	树幅	
CK	定点1									
	定点2									
	定点3									
	定点4									
	定点5									

调查日期：　　　　　　　　调查人：　　　　　　　　审核人：

表6　定型修剪前的茶树高度和幅度汇总　　　　　（单位：cm）

品种	调查时间	树高				树幅			
		Ⅰ区	Ⅱ区	Ⅲ区	平均	Ⅰ区	Ⅱ区	Ⅲ区	平均
CK	年　月　日（第二次定剪前）								
	年　月　日（第三次定剪前）								

汇总日期：　　年　月　日　　　　汇总人：　　　　　　　审核人：

5. 新梢生育期观察：定植后第4年春季起，观察茶树春梢一叶初展期、二叶初展期和三叶初展期。每个小区观察5丛，每丛选择1个芽头固定观察，取最后一次修剪的剪口以下第一个带叶健壮芽作为观察芽，从越冬芽萌动开始，每隔1天观察1次，各个生育期以30%观察芽达到该物候为标准。连续观察3年。观察期间，如发生损伤或误采立即调换相同生长状态的芽。

表7　物候期观察记载表

观察日期 ＼ 物候期	一区					二区					三区				
	1号	2号	3号	4号	5号	6号	7号	8号	9号	10号	11号	12号	13号	14号	15号
品种															

备注：物候期填物萌动、鳞片、芽、一芽一叶、一芽二叶、一芽三叶……驻芽。归纳时，主要用一芽一叶至三叶的数据。

记载人：　　　　　　　　　　　　审核人：

数据统计：先算出每一年试验品种与对照品种的差异天数，再将3年差异天数平均，并同时标出日期幅度，如某一品种第一年比对照早2天，第二年早0天，第三年早1天，平均早1天。同时，列出一芽一叶的3年幅度，如3月28日—4月1日。

表 8　　201　　年参试品种物候期表

品种	一叶初展期		二叶初展期		三叶初展期	
	一叶初展期	与 CK 相差天数	二叶初展期	与 CK 相差天数	三叶初展期	与 CK 相差天数
CK						

调查人：　　　　　　　　　　　汇总人：　　　　　　　　　　　审核人：

表 9　参试品种新梢生育期汇总表

品种	内容项目	一叶初展期与 CK 相差天数	二叶初展期与 CK 相差天数	三叶初展期与 CK 相差天数	备注
	第四年				
	第五年				
	第六年				
	平均差异天数				
	3 年幅度				

汇总日期：　　　　　　　　　　汇总人：　　　　　　　　　　　审核人：

6. 发芽密度调查：第 4～6 年春季进行观测。在通过一芽二叶期时，每个品种每小区随机取 3 个点，调查每点（33.3 cm×33.3 cm）10 cm 叶层范围内萌动芽以上的芽梢数，取 3 年平均数。

表 10　发芽密度调查表　　　　　　　　　　　　　　　（个 /1 109 cm²）

品种	调查日期	Ⅰ区			Ⅱ区			Ⅲ区			三区平均
		1	2	3	1	2	3	1	2	3	
CK											

调查人：　　　　　　　　　　　　　　　审核人：

表 11　发芽密度汇总表　　　　　　　　　　　　　　　　（个 /1 109 cm^2）

品种	调查次数	三区平均	三年平均
CK			

调查人：　　　　　　　　　　　　　　审核人：

7. 鲜叶产量记录：从第四年起连续记载三年。红、绿茶品种每年采春、夏、秋茶。采摘标准：春茶第一批鲜叶在一芽二叶物候期通过之日或第二天，采一芽二叶和同等嫩度对夹叶；夏茶、秋茶采一芽二、三叶和同等嫩度对夹叶。要求春、夏茶留鱼叶采秋茶留一叶采。乌龙茶区试点要求春夏秋三季采摘"小至中开面"的对夹二、三叶和一芽三、四叶嫩梢。各茶类每季茶要分批多次采，各参试品种采净率均需达到 90%。雨水叶要去除雨水稍摊放后再称重。产量记录到小数 2 位。

表 12　201___ 年 _____ 品种鲜叶产量记载表

时间 （月 / 日）	Ⅰ区（kg）	Ⅱ区（kg）	Ⅲ区（kg）	备注
⋮	⋮	⋮	⋮	⋮
合　计				
三区平均				

记载人：　　　　　　　　　　　　　　审核人：

表 13　20___ 年参试品种鲜叶产量

品种	小区产量（kg/ 小区）			三区 合计	三区 平均	亩产 （kg/ 亩）	与 CK 比 （%）
	一区	二区	三区				
CK							

记载人：　　　　　　　　　　　　　　审核人：

表14　各品种鲜叶产量汇总　　　　　　　　　　（kg/ 小区）

品种	第一年				第二年				第三年				平均	平均亩产（kg/ 亩）
	Ⅰ区	Ⅱ区	Ⅲ区	小计	Ⅰ区	Ⅱ区	Ⅲ区	小计	Ⅰ区	Ⅱ区	Ⅲ区	小计		
CK														

汇总日期：　　　　　　　　　汇总人：　　　　　　　　　审核人：

数据统计：根据表 11 汇总结果，用二因子（品种间、年度间）方差分析，测定参试品种与对照品种间绝对产量（不是 % 产量）的差异显著性程度（最小差异显著标准 LSD 要达到 0.05）。

8. 加工品质鉴定：从第四年起，按参试品种的适制性或参试目的，选择制作烘青绿茶或红碎茶或乌龙茶。每年制样后每个品种第一批样 100 克左右及时集中寄区试办公室，由农业部茶叶质检中心按 NY/T-787 及时进行感官审评。

专业点进行二年品质鉴定。茶样制作方法见附件 A。

9. 抗性鉴定：从第四年起，各区试点连续三年对茶树耐寒旱性、抗病性（炭疽病、茶饼病及当地主要病害）、抗虫性（茶橙瘿螨、假眼小绿叶蝉及当地主要虫害）进行鉴定（一般区试点只进行田间调查）。

专业点对抗性（耐寒旱性，炭疽病、茶饼病、茶橙瘿螨和假眼小绿叶蝉）进行连续二年的专业鉴定。

9.1 耐寒性和耐旱性

采用田间自然鉴定法：越冬后或旱期后，以丛（株）为单位，每小区调查 10 丛（株）茶树冻害或旱害程度，凡中上部叶片 1/3 以上赤枯或青枯即为受害叶，有 1/3 以上当年嫩叶有红变即为受旱害，根据受害情况进行分级：

级别　冻害或旱害情况

0 级　受冻或旱害数叶片 ≤ 5%；

1 级　5% < 受冻或旱害叶片 ≤ 15%；

2 级　15% < 受冻或旱害叶片 ≤ 25%；

3 级　25% < 受冻或旱害叶片 ≤ 50%；

4 级　受冻或旱害叶片 > 50%。

$$HI = \frac{\sum(n_i \times x_i)}{N \times 4} \times 100 \quad \cdots\cdots\cdots\cdots\cdots\cdots\cdots（1）$$

按公式（1）计算冻害或旱害指数（精确到整位数）：

式中：HI—冻害或旱害指数；

n_i—各级受冻或受旱丛（株）数；

x_i—各级冻害或旱害级数；

N—调查总丛（株）数；

4—最高受害级别。

根据冻害或旱害指数，耐寒性或耐旱性分为强（冻害或旱害指数≤10）、较强（10＜冻害或旱害指数≤20）、中（20＜冻害或旱害指数≤50）、弱（冻害或旱害指数＞50）。

表 15　茶树寒害调查表

品种	小区	∑〔受害丛（株）数×受害级别〕	受害指数	三区平均受害指数	耐寒性
CK	Ⅰ				
	Ⅱ				
	Ⅲ				
	Ⅰ				
	Ⅱ				
	Ⅲ				

调查日期：　　　　　　　　调查人：　　　　　　　　审核人：

表 16　冻害发生期低温统计

极端最低温度		连续＜0℃以下（或低温）日数	负积温值℃	备注
温度值℃	出现日期			

统计日期：　　　　　　资料来源：　　　　　　整理人：　　　　　　审核人：

说明：负积温值是续＜0℃以下日子中负温的累加。或是一月（最冷月）全月负温的累加。当地如不出现负温，可不填写。本统计可用当地气象资料。

表 17　茶树旱害调查表

品种	小区	∑〔受害丛（株）数 × 受害级别〕	受害指数	三区平均受害指数	耐旱性
CK	Ⅰ				
	Ⅱ				
	Ⅲ				
	Ⅰ				
	Ⅱ				
	Ⅲ				

调查日期：　　　　　　　　　　调查人：　　　　　　　　　审核人：

表 18　旱害发生期高温与降水量统计表　　　　　年　　　月　　　日

极端最高温度		≥ 35℃日数（天）	降水量（mm）	备 注
温度值℃	出现日期			

统计日期：　　　　　资料来源：　　　　　　整理人：　　　　　　审核人：

气温、降水量等可用当地气象资料。

9.2 抗病性

① 茶炭疽病

采用室内接种法：秋季高发期，在每试点随机取带有 3 片左右较嫩成叶的当年生枝梢 15 ～ 20 个，先在叶面上用细的昆虫标本针刺伤形成伤口，然后用医用小喷雾器喷施在人工培养条件下培养的茶炭疽病菌的孢子悬浮液（在低倍显微镜下每视野有 20 个以上孢子）。要求在叶片正反面均喷有细雾滴，但喷施量不宜过多，以免液滴聚集流失。然后把枝梢插在装有水的容器中（室温 22 ～ 25℃），再放入一湿度大的空间里，亦可用塑料袋套住保湿 1 ～ 2 d，5 ～ 7 d 后记载平均每叶病斑数量或平均病斑大小。

根据接种叶罹病率（以 % 表示，精确到整数位）或病斑大小（单位为 mm，精确到 0.1 mm）区分抗性，抗性分为抗（叶片罹病率 ≤ 20% 或病斑直径 1.0 ≤ mm）、中抗（20% ＜叶片罹病率 ≤ 50% 或 1.0 ＜病斑直径 ≤ 2.5 mm）、感（50% ＜叶片罹病率 ≤ 75% 或 2.5 mm ＜病斑直径 ≤ 5.0 mm）和高感（叶片罹病率 ＞ 75% 或病斑直径 ＞ 5.0 mm）。

在当地茶炭疽病发生盛期对各品种统一进行田间调查。在各小区随机调查
50 ～ 100 叶张成叶，按分级标准目测分级，田间记录调查结果，分别计算发病率和
病情指数。

分级标准：

0 级：无病斑；

1 级：病斑面积占整片叶面积的 5% 以下；

3 级：病斑面积占整片叶面积的 6% ～ 25%；

5 级：病斑面积占整片叶面积的 26% ～ 50%；

7 级：病斑面积占整片叶面积的 51% ～ 75%；

9 级：病斑面积占整片叶面积的 76% 以上。

病指计算方法：

$$病情指数 = \frac{\Sigma（各级病叶数 \times 相对级数值）}{调查总叶数 \times 9} \times 100$$

② 茶饼病

采用室内接种法：秋季高发期，用茶饼病病叶病斑上的担子孢子制成孢子菌悬
液，将该孢子菌悬液接种在 15 ～ 20 个嫩枝（活体或离体）顶芽以下第一、二、三、
四叶叶片上。重复 3 次。接种后套袋保湿，每 2 d 观察一次病斑点或病斑所占叶面
积，进行病情分级，标准如下：

病级　病情

0 级　无病斑

1 级　病斑面积占叶片总面积 ≤ 10%

2 级　10% ＜病斑面积占叶片总面积 ≤ 25%

3 级　25% ＜病斑面积占叶片总面积 ≤ 50%

4 级　病斑面积占叶片总面积 ＞ 50%

按公式（2）计算病情指数（精确到整位数）：

$$DI = \frac{\sum(n_i \times s_i)}{N \times 4} \times 100 \cdots\cdots\cdots\cdots\cdots\cdots（2）$$

式中：DI——病情指数；

n_i——各级发病级别丛（株）数；

s_i——各级发病级数；

N——调查总丛（株）数；

4——最高受害级别。

按公式（2）计算病情指数（精确到整位数）。根据病情指数，抗性分为抗（病

情指数≤5）、中抗（5＜病情指数≤15）、感（15＜病情指数≤25）和高感（病情指数＞25）。

在当地茶饼病发生盛期对各品种统一进行田间调查。每小区随机选取新梢的芽下第3叶，调查50～100片叶，记录总叶数及各级病叶数，分别计算发病率和病情指数。

分级方法：

0级：无病斑；

1级：整张叶片有病斑5个以下；

3级：整张叶片有病斑6个～10个；

5级：整张叶片有病斑11个～15个；

7级：整张叶片有病斑16个～20个；

9级：整张叶片有病斑21个以上。

病指计算方法：

$$病情指数 = \frac{\Sigma（各级病叶数 \times 相对级数值）}{调查总叶数 \times 9} \times 100$$

9.3 抗虫性

① 假眼小绿叶蝉

采用田间调查法：在小绿叶蝉发生盛期，于清晨露水未干时田间检查当年生新梢30个顶芽以下第二叶的若虫数，并计算百叶虫数，得出种群密度。根据种群密度，抗性划分为抗（百叶种群密度≤5头）、中抗（5头＜百叶种群密度≤10头）、感（10头＜百叶种群密度≤20头）和高感（百叶种群密度＞20头）。

② 茶橙瘿螨　采用田间调查法或室内接种法。

Ⅰ 田间调查法：防治之前，从每个固定点（本规程田间观察记载中的高幅度测量3 m、5 m、7 m中部三个点为固定点）。沿茶蓬幅度随机采芽下第二叶10片，每小区3个点共30片，3个小区共90片，镜检每叶若螨和成螨数（单位为头，精确到整数位），进行为害分级，标准如下：

级别　每叶螨数

0级　无螨

1级　若螨和成螨≤10头

2级　10头＜若螨和成螨≤100头

3级　100头＜若螨和成螨≤200头

4级　若螨和成螨＞200头按公式（3）计算为害指数（精确到整位数）：

$$HI = \frac{\sum (n_i \times s_i)}{N \times 4} \times 100 \quad \cdots\cdots\cdots\cdots\cdots\cdots\cdots \quad （3）$$

式中：HI——为害指数；

n_i——各级为害叶片数；

s_i——各级为害叶片级数；

N——调查总叶数；

4——最高为害级别。

根据为害指数，抗性分为抗（为害指数≤5）、中抗（5＜为害指数≤15）、感（15＜为害指数≤25）和高感（为害指数＞25）。

Ⅱ室内接种法：选有较嫩叶片的枝梢5～10个（要求供试材料的叶片嫩度一致），在叶片背面用软毛笔轻轻将采自田间的瘿螨接上，并记录每叶茶橙瘿螨数。将枝梢放在有较高湿度（相对湿度不低于80%）的密闭容器中，过5～7 d后再检查记录每叶螨口数。根据前后2次茶橙瘿螨的增减数量，抗性分为抗（虫口数比接种时减少）、中抗（虫口数与接种时相当或增加量≤10%）、感（10%＜虫口数比接种时增加≤50%）和高感（虫口数比接种时增加量＞50%）。

六、总　结

（一）年度小结

1. 本年度田间管理情况：施肥种类、施肥量、时间；病虫害发生情况及防治的农药种类、浓度和时间；发生的严重自然灾害（冻害要记录最低温度、出现的日期和低温持续时间，旱害要记录发生期内的最高温度、持续天数和降水量等）中耕除草情况等。

2. 观察记载内容及结果。重复鉴定的结果要与上年比较，如两年中有较大差异或很不一致的部分要找出原因，便于下年改进。

3. 本年度初步结果，存在主要问题及改进的办法，以及下一年计划。

4. 年度小结在区试点负责人和技术负责人签字、区试承担单位盖章后，于每年12月31日前上报全国区试主持单位，同时送参试品种育种单位（人）。

（二）总结报告

1. 区试点的基本情况。

2. 试验的全过程：田间小区排列；前3年的茶树培育管理技术措施，记产后的培育管理措施；试验观察和实验方法。

3.试验结果：各参试品种所有试验鉴定的结果（列出统计分析数据，必□□对照品种比较）。

4.结论：根据参试品种的表现，提出每个品种适宜推广的区域或范围，□□制作的茶类，所相匹配的栽培技术和注意事项。

5.资料归档保存：所有有关档案资料均由区试承担单位归档保存，主要□□区试任务书等有关文件；田间观察和实验室原始记录；样品茶审评单；数据整□□计记录；影像或照片；不可抗拒因素或人为造成试验损失或中断的说明或证明□区试总结报告等。

6.上报：总结报告在区试点负责人和技术负责人签字、区试承担单位□□后，上报全国区试主持单位。

七、向区试主持单位提交材料

区试总结报告；档案材料归档证明及卷宗编号；不可抗拒因素或人为造□试验损失或中断的说明或证明（原件）；影像或照片；经费开支结算情况等。

八、区试主持单位总结

（一）区试经过和执行情况。

（二）各个参试品种在3个点的鉴定结果，根据3个点的结果，对参试□种作出评价，并提出推广建议意见。

（三）主要经验和存在问题以及预防或克服措施。

（四）需表彰的区试点和个人。

表 19 　　　区试点第　　　批区域试验结果汇总表

品种	定植一年后成活率 %（株成活率）	定植一年后成活率 %（丛成活率）	第3次定剪前高幅度 cm（树高）	第3次定剪前高幅度 cm（树幅）	物候期（平均日和日期幅度）一芽一叶初展期 平均日	一芽一叶初展期 日期幅度	一芽二叶初展期 平均日	一芽二叶初展期 日期幅度	一芽三叶初展期 平均日	一芽三叶初展期 日期幅度	发芽密度 个/1 109 cm²	3年鲜叶小区平均产量（kg）平均	与CK比较（%）及差异显著性	制茶品质 茶类及得分	与CK比较差异	抗逆性 冻害级别	旱害级别	病虫害 种类	受害级别	综合评价及建议推广区域
CK																				

填表人：　　　　　　审核人：

汇总日期：

附件 A　品种样茶制作

（试行稿）

A.1　乌龙茶样茶

1. 鲜叶标准与采摘要求

春茶期间，在晴天的上午 10 时至下午 4 时，采摘"小至中开面"的对夹二、三叶和一芽三、四叶嫩梢。各小区采样量要归入产量记载中。鲜叶采摘与运送过程，保持新鲜、完整，避免日晒、挤压与机械损伤。

"开面采"标准：用嫩梢形成驻芽时的对夹一叶与对夹二叶面积之比表示。"大开面"：≥ 2/3；"小开面"：≤ 1/3；1/3 ＜"中开面"＜ 2/3。

2. 加工技术

采用闽南（传统）乌龙茶工艺制作。

工艺流程：晒青（萎凋）→做青（摇青 ↔ 凉青）→杀青→揉捻→烘焙与包揉造形→摊凉、包装。

2.1　晒青、凉青工艺：凉青→晒青→凉青

2.1.1　凉青：采下的茶青（鲜叶）在室内均匀薄摊于篾筛等器具上，厚度 10 ～ 20 cm。如果凉青时间长，须匀翻散热 1 ～ 2 次。避免发酵变红。

2.1.2　晒青：凉青叶摊放厚度 2 ～ 4 cm，放在中度或弱日光下（下午 3 时后）15 ～ 30 min，时间掌握视阳光强弱而定，匀翻 2 ～ 3 次。

晒青程度掌握：视嫩梢肥壮度、含水量和鲜叶色泽而定，减重率一般 6% ～ 15%。以手持嫩梢第二叶下垂，叶色转暗，失去光泽为度。

如遇阴雨天，可采用热风萎凋法。

热风萎凋法：篾筛架在热风萎凋槽上，或茶青直接摊放在热风萎凋槽上，厚 10 ～ 20 cm，或室内直接通热风。热风温度 35 ～ 40 ℃，匀翻 2 ～ 3 次。时间 10 ～ 60 min，操作方法与程度掌握同晒青。

2.1.3　凉青：方法同上 2.1.1，时间 1 ～ 2 h。

2.2　做青工艺：摇青 ↔ 凉青（→堆青）

在温湿度比较稳定、相对密闭的做青间进行，控制室温 22 ℃ ±2 ℃，相对湿度

65%～75%。摇青和凉青一般交替进行4～5次。做青历时12 h左右。

2.2.1　摇青：将萎凋叶0.5 kg左右置于水筛（篾筛）上，双手持水筛旋转，使叶片上下翻滚，互相碰撞，或置于直径为1.1 m左右的小型摇青笼里往返摇动（"浪青"）25～30 r/min，茶青约占摇青笼容积的1/2～2/3。样品少时亦可用手"做青"。双手手心向上，五指分开，勿贴筛底，轻轻捧叶抖动翻滚，使做青叶互相碰撞磨擦。

摇青转数与时间的掌握："看青做青"，依次增加。第一、二次摇青少摇、短时，第三、四次摇青增加转数与时间。如做青不足，则进行第五次摇青。

乌龙茶做青技术参数及感官标准

次数	第一次		第二次		第三次		第四次		第五次	
做青	参数	感官	参数	感官	参数	感官	参数	感官	参数	感官
摇青（min）	1～2	青气露	3～4	青气较浓，叶缘略显红点	7～8	青香花果香显露，叶缘红点显露	8～10	青气消退，花果香明显，叶缘红点明显，叶态成"汤匙"状	5～10	同第四次
凉青（h）	1.0～1.5		2.0～2.5		3.0～4.0		3.0～4.0		0.5～1	
摊叶（cm）	2～3		3～5		10～15		15		15	

2.2.2　凉青：摇青后将做青叶静置摊放在水筛上，掌握时间先短后长，摊叶先薄后厚。第三至第五次凉青叶摊成凹坑状，避免发热而红变。

做青程度掌握：叶色转黄绿色透亮（光泽度强），叶尖与叶缘显红色斑点，叶态呈"汤匙状"，叶缘垂卷（叶背翻成"汤匙状"，即"还阳"），青臭气消退，果香、花香显露。

（堆青：叶量少，做青不足，可采用堆青工艺，以促进发酵，香气形成，但务必防止变红。将做青叶堆厚，处于近似密闭状态，待叶温升高，手触微热感，香气透出即可，一般0.5～1 h。）

2.3　杀青：投叶量0.5 kg左右做青叶，锅温200～220℃，3～5 min，扬闷结合，扬炒为主。以手握叶片成团，折梗不断为度。

2.4　揉捻：趁热用手握住杀青叶快速在篾垫上揉捻20余下，抖散，再揉捻20余下，抖散，以有茶汁挤出为度。

2.5　烘焙与包揉造形：初烘→初包揉→复烘→复包揉→足干。

2.5.1　初烘：微型烘干机热风烘焙或焙笼烘焙，厚度 2 cm 左右，温度 100 ～ 110℃，时间 5 ～ 8 min。

2.5.2　初包揉：将初烘叶放入方巾布中包紧，置揉捻台上快速搓揉，松包解块后再次包揉，以条索紧结成形为度。

2.5.3　复烘：初包揉叶解块 0.5 h 后，进行复烘，厚度 2 ～ 3 cm，温度 80 ～ 90℃，时间 5 ～ 8 min。

2.5.4　复包揉：同初包揉，反复多次。最后一次包揉后定型 1 h 左右再松包解块。至条索紧结成颗粒状为度，或成"绿腹青蒂蜻蜓头"。

2.5.5　足干：摊叶厚度 5 ～ 10 cm，低温慢烘，温度 50 ～ 60℃，时间 3 ～ 4 h。足干含水量 5% ～ 6%。

2.5.6　摊凉、包装：待茶叶冷至常温后包装，放入避光、干燥、密封专用设备储藏。

A.2　烘青绿茶样茶

1. 鲜叶标准与采摘要求

当春茶第一轮新梢一芽二叶物候期通过之日或第二天，留鱼叶采一芽二叶。要求芽叶长短大小尽量一致。各小区采样量要归入产量记载中。根据制样需要，可以将 3 个重复小区混合制样。

2. 样品制作

工艺流程：摊放→杀青→揉捻→烘干

不论用手工或手工与机械制样，所有参试样加工方法和机具在三年中都要一个样。

2.1　鲜叶摊放：要求摊放室温在 18 ～ 20℃，相对湿度在 75% 左右，每平方米摊放鲜叶 0.5 ～ 1 kg，厚度 2 ～ 3 cm，时间 6 ～ 20 h。一般鲜叶含水量在 75% 左右，经摊放后含水量降至 64% ～ 60%（失水率在 15% ～ 20%），感官标志是，芽叶失去光泽，叶质变软，稍有清香。摊放过程中不要翻动，以免碰伤叶缘，产生红变。

2.2　杀青：用电炒锅（做名优茶电锅均可）手杀。时间 5 ～ 7 min，锅温 150 ～ 180 ℃（手掌离锅底 10 cm 高处有强烈灼热感，或抹炒茶油后即冒烟，或鲜叶下锅后闻有劈啪声，即为锅温适中）。每锅投摊放叶 100 ～ 250 g。鲜叶下锅后 1 ～ 2 min，单手抛炒，手势要轻，动作要快（每分钟 50 ～ 60 次），抛得要高，撒得要开，捞得要净；之后，手握住茶叶在锅底闷炒 2 ～ 3 min，然后再抛炒 2 min 左右。当叶色暗绿，叶质柔软，手握成团，折梗不断，青气消失，茶香稍露后即可起锅。闷炒（手不离茶，茶不离锅）是防止红梗红茎的关键，摊放过重或样品过少的原料尤需要短时间抛炒，较长时间的闷炒。杀青程度适当偏老比偏"生"好。如有生叶、焦边、红梗现象，必须重新杀青。

2.3　揉捻：杀青叶经摊凉至室温后即可用手工或揉捻机揉捻。

手工揉：可用长 120 cm、宽 60 cm、孔径 0.15 cm 的篾垫作工具。有推揉和团揉两种方法。

推揉：双手捂住茶叶在篾垫上做前后移动，叶片在手掌中要不断翻滚。

团揉：双手握住茶叶在篾垫上做转动，要求茶在掌中转，手在篾垫上动。

不论推揉或团揉，中间需解块 2 ～ 3 次，抛甩 1 ～ 2 次，抛甩可起到理直条索的作用。手揉时间一般在 3 ～ 5 min，以条索成形，茶汁黏附叶表，手稍感黏湿为度。揉捻中易出现的弊病是：解块不匀，有团块；揉捻过度，茶芽大量断碎，茶汁外溢。这些对成品茶的外形和内质都会有很大的影响。

揉捻机揉捻：在芽叶较粗大和数量多时可用微型揉捻机揉捻。根据"轻、重、轻"的要求，开始轻揉 2 ～ 3 min，后稍加压揉 3 ～ 5 min，再轻揉 2 ～ 3 min。掌握程度与手揉一样。

2.4　烘干：包括初烘→摊凉→复烘。

揉捻叶解块后需立即上烘。否则易发生红梗、红茎（杀青不匀不透时最易产生）或成品茶色泽偏黄。可用 6CHM-901 型电热式碧螺春烘干机（浙江富阳茶机厂产）烘干。

烘干机烘干：

初烘：温度 120 ～ 125℃，时间 10 ～ 15 min，中间不需翻动。

摊凉：初烘叶下烘后摊凉 30 ～ 40 min，亦可凉至室温为止。

复烘：温度 70 ～ 75℃，时间 8 ～ 10 min，茶叶含水量至 5% ～ 6%（手指重捏成茶末）。为防止茶叶被热风吹跑，可将初烘叶放在尼龙网纱袋（如种子袋）中烘。

用烘干机烘干，初烘温度必须达到 120℃，以让其迅速钝化残余的多酚氧化酶，保持绿茶色泽；复烘温度不要超过 75℃，尤其下烘前 5 min 不超过 70℃，否则会造成干茶"老火"。

A.3 红碎茶样茶

1. 鲜叶标准与采摘要求

夏茶第一批新梢留鱼叶采一芽二叶。雨水叶尽量不采。各小区采样量要归入产量记载中。根据制样需要，可以将 3 个重复小区混合制样。

2. 样品制作

工艺流程：萎凋→揉切→发酵→初烘→复烘→摊凉包装

2.1 萎凋：鲜叶均匀摊放在萎凋帘或簸箕上，摊叶量约 0.5 kg/m²，室内温度在 20 ～ 25℃，相对湿度 70% 左右。期间要翻叶 2 ～ 3 次，萎凋时间 6 ～ 12 h。雨季萎凋，可将叶薄摊，并安装排气风扇，适当延长萎凋时间。以叶片由鲜绿色转为暗绿，表面光泽消失，芽叶柔软，茎折不断，萎凋叶含水量降到 65% 左右为度。

2.2 揉切：先将萎凋叶初揉成条，再用小型转子机或粉碎机进行揉切。揉切后筛分取料（筛网 12 孔 /cm²），筛底进行发酵，筛面茶再进行揉切筛分。

2.3 发酵：发酵室温在 22 ～ 26℃，相对湿度在 90% 以上。湿度低时可在地面喷洒清水。发酵叶上面盖上湿纱布。发酵时间 30 ～ 60 min。当茶坯青草气消除，透出花果香，呈现橘黄色或初现红色时即可终止发酵。

2.4 初烘：微型烘干机温度 100℃ 左右，烘至含水量 15% ～ 20% 时，下机摊凉散热，使茶坯内外干湿均匀，冷却至室温后再进行复烘。

2.5 复烘：温度 80℃，烘至含水量 5% ～ 6%。

2.6 摊凉包装：待茶叶冷却至室温后包装。

A.4 制样时注意事项

1. 在 3 年鉴定期，要求采制人员、加工机具相对稳定（人员至少在一个重复年内不变动），尽量消除人为误差。如果样品有 1 000 g 左右，可以在同一时间由同一批人分二次做，以了解加工技术的稳定性。

2. 样茶足火干燥后，待茶叶冷至常温进行包装，放入避光、干燥、无异味，密封吸湿（氧）的专用储藏设备内。集中及时寄区试办公室，以便安排感官审评。

ICS 65.020.20
B 04

NY

中华人民共和国农业行业标准

NY/T 1312—2007

农作物种质资源鉴定技术规程　茶树

**Technical Code for Evaluating Crop Germplasm
Tea Plant (*Camellia sinensis*)**

2007-04-17 发布　　　　　　　　　　　　　2007-07-01 实施

中华人民共和国农业部　发 布

前　言

本标准中附录 A 为规范性附录。

本标准由中华人民共和国农业部提出并归口。

本标准起草单位：中国农业科学院茶叶研究所、云南省农业科学院茶叶研究所、中国农业科学院农业质量标准与检测技术研究所。

本标准主要起草人：陈亮、虞富莲、杨亚军、姚明哲、王新超、赵丽萍、王平盛、许玟、钱永忠。

农作物种质资源鉴定技术规程　茶树

1　范　围

本标准规定了茶树 [*Camellia sinensis*（L.）O.Kuntze] 及其他山茶属（Genus *Camellia*）茶组植物（Section *Thea*）种质资源鉴定的技术要求和方法。

本标准规定了茶树 [*Camellia sinensis*（L.）O.Kuntze] 及其他山茶属（Genus *Camellia*）茶组植物（Section *Thea*）种质资源的植物学特征、生物学特性、品质性状和抗逆性的鉴定。

2　规范性引用文件

下列文件中的条款通过本标准的引用而成为本标准的条款。凡是注日期的引用文件，其随后所有的修改单（不包括勘误的内容）或修订版均不适用于本标准，然而，鼓励根据本标准达成协议的各方研究是否可使用这些标准的最新版本。凡是不注明日期的引用文件，其最新版本适用于本标准。

GB/T 8305 茶　水浸出物测定

GB/T 8312 茶　咖啡碱测定

GB/T 8313 茶　茶多酚测定

GB/T 8314 茶　氨基酸测定

NY/T 787　茶叶感官审评通用方法

ISO 14502-2：2005 Determination of substances characteristic of green and black tea—Part 2：Content of catechins in green tea—Method using high-performance liquid chromatography 绿茶和红茶中特征性成分的测定　第 2 部分：高效液相色谱法测定绿茶中的儿茶素

3　术语和定义

下列术语和定义适用于本标准。

3.1　适制茶类　processing suitability

最适合制作的某种茶类。

3.2 酚氨比 ratio of polyphenols/amino acids

同一份资源或同批样品中茶多酚与氨基酸百分含量的比值。

3.3 开面采 banjhi-plucking

用新梢对夹一叶与对夹二叶的叶面积之比，比例大于等于 2/3 称"大开面"，小于等于 1/3 为"小开面"，介于两者间为"中开面"。

3.4 盛花期 Stage of full blooming

半数花蕾达到自然开放的时期，以"月旬"表示。

4 技术要求

4.1 样本采集

应在茶树成龄后及正常生长情况下采集样本。无性系的取样株数为 5 株，有性系的取样株数为 10 株；除另有规定外，各种数据均为一次性采集。

4.2 鉴定内容

鉴定内容见表 1。

表 1　茶树种质资源鉴定内容

性状		鉴定项目
植物学特征和生物学特性	树体	树型、树姿
	芽叶	发芽密度、一芽一叶期、一芽二叶期、芽叶颜色、芽叶茸毛、一芽三叶长、一芽三叶百芽重
	叶片	叶片着生状态、叶长、叶宽、叶片大小、叶形、侧脉对数、叶色、叶面隆起性、叶身形态、叶片质地、叶齿锐度、叶齿密度、叶齿深度、叶基、叶尖、叶缘形态
	花	盛花期、萼片数、萼片颜色、萼片茸毛、花冠直径、花瓣颜色、花瓣质地、花瓣数、子房茸毛、花柱长度、柱头开裂数、花柱裂位、雌雄蕊相对高度
	果实	果实形状、果实大小、果皮厚度
	种子	种子形状、种径大小、种皮颜色、百粒重
品质性状	适制性	适制茶类、兼制茶类、品质得分、香气分、香气特征、滋味分、滋味特征
	品质化学成分	水浸出物、咖啡碱、茶多酚、氨基酸、酚／氨比、儿茶素总量、表没食子儿茶素（EGC）、（+）儿茶素（+C）、表儿茶素（EC）、表没食子儿茶素没食子酸脂（EGCG）、表儿茶素没食子酸脂（ECG）
抗逆性		耐寒性

5　鉴定方法

5.1　植物学特征和生物学特性

5.1.1　树体

5.1.1.1　树型

观察 5 龄以上茶树自然生长情况，根据植株主干和分枝情况确定树型。树型分为灌木型（从颈部分枝，无主干）、小乔木型（基部主干明显，中上部不明显）、乔木型（从下部到中上部有明显主干）。

5.1.1.2　树姿

测量灌木型茶树外轮骨干枝与地面垂直线（乔木和小乔木型茶树测量一级分枝与地面垂直线的分枝角度）的夹角，每株测 2 个，依据夹角的平均值或按图 1 确定树姿。树姿分为直立（分枝角度 ≤ 30°）、半开张（30° < 分枝角度 ≤ 50°）、开张（分枝角度 > 50°）。

5.1.2　芽叶

在春季，观测未开采过或上年深修剪茶树，确定芽叶性状。

5.1.2.1 发芽密度

春茶鱼叶期观察计数 33 cm×33 cm 蓬面内已萌发第一轮越冬芽数。有性繁殖种质重复 5 次，无性繁殖种质重复 3 次，结果以平均值表示。按表 2 确定发芽密度。

表 2　发芽密度分级

发芽密度	灌木和小乔木	乔木
稀	＜80 个	＜40 个
中	80～120 个	40～80 个
密	＞120 个	＞80 个

直　立　　　　　　半开张　　　　　　开　张

图 1　树姿

用已完成 3 次定型修剪并已打顶养蓬 1 年，蓬面宽度在 60 cm 以上的植株作为样本，观测的样本上年秋季和当年春季蓬面不作修剪；记录可见范围内的已萌发芽个数（蓬面中下部目光未能达及的芽不计）。

5.1.2.2　一芽一叶期

春季固定观察不修剪茶树每株越冬顶芽或修剪茶树剪口下第一越冬芽 2 个，鱼叶期后每隔 1 d 观察一次，记录三分之一越冬芽达到一芽一叶的时间。连续观察 2 年，表示方法为"月日"、平均日期及其变幅。

5.1.2.3　一芽二叶期

春季固定观察不修剪茶树每株越冬顶芽或修剪茶树剪口下第一越冬芽 2 个，一芽一叶期后每隔 1 d 观察一次，记录三分之一越冬芽达到一芽二叶的时间。连续观察 2 年，表示方法为"月日"、平均日期及其变幅。

5.1.2.4　芽叶颜色

春梢第一轮一芽二叶占茶树全部新梢的半数时，在每株茶树上从鱼叶处随机采摘一芽二叶 2 个，观察芽叶颜色。按最大相似原则确定芽叶颜色，芽叶颜色分为玉白色、黄绿色、绿色、紫绿色。

5.1.2.5　芽叶茸毛

用 5.1.2.4 的样本，观察芽叶茸毛，芽叶茸毛分无、少、中、多、特多。以龙井 43 作为"少毛"参照标准，以福鼎大白茶或云抗 10 号作为"多毛"参照标准。

5.1.2.6　一芽三叶百芽重

当春梢第一轮一芽三叶占全部越冬芽半数时取样。从一芽三叶新梢鱼叶处随机采摘一芽三叶 100 个。称量，精确到 0.1 g。采样后 1 h 内称重完毕，芽叶有表面水时不采样。

5.1.2.7　一芽三叶长

从 5.1.2.6 样本中随机取一芽三叶 30 个。测量从基部至芽顶部的长度，结果以平均值表示，精确到 0.1 cm。

5.1.3　叶片

6—7 月或 10—11 月，从未开采过或上年深修剪茶树上每株取当年春梢或夏梢枝干中部成熟叶片 2 片，用于叶片性状观测。

5.1.3.1　叶片着生状态

测量当年生枝干中部成熟叶片与枝干的夹角，每株测量 2 个，依夹角平均值或按图 2 确定叶片着生状态，叶片着生状态分为上斜（夹角＜ 45°）、近水平（45°≤夹角＜ 90°）、下垂（夹角≥ 90°）。

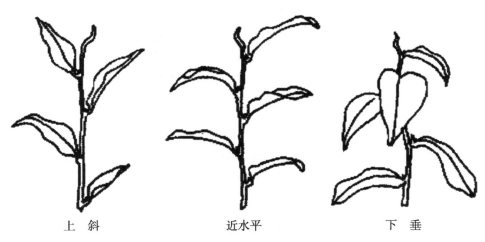

　　上　斜　　　　　　　　近水平　　　　　　　　下　垂

图 2　叶片着生状态

5.1.3.2 叶长

用 5.1.3 样本，测量叶片基部至叶尖端部的纵向长度，结果以平均值表示，精确到 0.1 cm。

5.1.3.3 叶宽

用 5.1.3 样本，测量叶片横向最宽处，结果以平均值表示，精确到 0.1 cm。

5.1.3.4 叶片大小

以叶长、叶宽、以及系数（0.7）的乘积值作为叶面积，并按叶面积确定叶片大小，叶片大小分为小叶（叶面积＜20.0 cm²）、中叶（20.0 cm² ≤叶面积＜40.0 cm²）、大叶（40.0 cm² ≤叶面积＜60.0 cm²）和特大叶（叶面积≥60.0 cm²）。

5.1.3.5 叶形

用 5.1.3 样本，按叶片长宽比值或按图 3 确定叶形，叶形分为近圆形（长宽比＜2.0）、椭圆形（2.0 ≤长宽比＜2.5，最宽处近中部）、长椭圆形（2.6 ≤长宽比＜3.0，最宽处近中部）、披针形（长宽比≥3.0，最宽处近中部）。

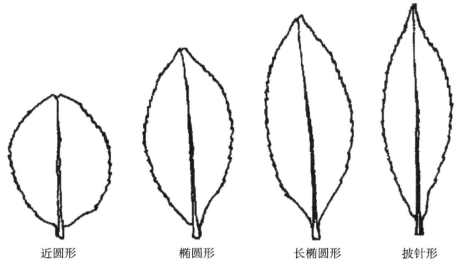

近圆形　　　　椭圆形　　　　长椭圆形　　　　披针形

图 3　叶形

5.1.3.6 侧脉对数

用 5.1.3 样本，计数主脉两侧相对应的侧脉数，结果以平均数表示，精确到整位数。

5.1.3.7 叶色

用 5.1.3 样本，观察叶片正面的颜色。按最大相似原则确定叶色，叶色分黄绿色、中绿色、深绿色。

5.1.3.8　叶面隆起性

用 5.1.3 样本，观察叶片正面的隆起状况。分别以福建水仙或长叶白毫，政和大白茶或云梅作为"平"和"隆起"的参照标准，确定叶面隆起度。叶面分为平、微隆起、隆起。

5.1.3.9　叶身形态

用 5.1.3 样本，观察主脉两侧叶片的夹角状态。按最大相似原则确定叶身，叶身形态分为平、内折、背卷。

5.1.3.10　叶片质地

用 5.1.3 样本，以双人比对方式，用手触摸确定叶片质地，叶片质地分为柔软、中、硬。

5.1.3.11　叶齿锐度

用 5.1.3 样本，观察叶缘中部锯齿的锐利程度，叶齿锐度分为锐、中、钝。

5.1.3.12　叶齿密度

用 5.1.3 样本，测量叶缘中部锯齿的密度，叶齿密度分为稀（密度＜2.5 个 /cm）、中（2.5 个 /cm ≤密度＜4 个 /cm）、密（密度＞4 个 /cm）。

5.1.3.13　叶齿深度

用 5.1.3 样本，观察叶缘中部锯齿的深度，叶齿深度分为浅、中、深。

5.1.3.14　叶基

用 5.1.3 样本，观察叶片基部的形态，叶基分为楔形、近圆形。

5.1.3.15　叶尖

用 5.1.3 样本，观察叶片端部的形态。按图 4 确定叶尖形态，叶尖分为渐尖、钝尖、圆尖。

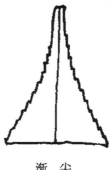 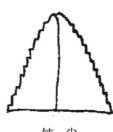

渐　尖　　　　　　　　钝　尖　　　　　　　　圆　尖

图 4　叶尖形态

5.1.3.16 叶缘形态

以双人比对方式，观察确定叶片边缘的形态，叶缘分为平、微波、波。

5.1.4 花

在盛花期，随机取发育正常、花瓣已完全展开的花朵10朵并用于花性状观测。

5.1.4.1 盛花期

于10—11月间观察6～15年生自然生长茶树，每株随机观察10朵花蕾，记录盛花期。

5.1.4.2 萼片数

观察5.1.4中典型花10朵，计数萼片数，结果以平均数表示，精确到整位数。

5.1.4.3 萼片颜色

观察5.1.4中典型花萼片的外部颜色，萼片颜色分为绿色、紫红色。

5.1.4.4 萼片茸毛

观察5.1.4中典型花萼片外部茸毛状况，以"无"、"有"表示。

5.1.4.5 花冠大小

取5.1.4中典型花，"十"字形测量发育正常、花瓣已完全开放时的花冠大小，结果以平均值表示，精确到0.1 cm。

5.1.4.6 花瓣颜色

观察5.1.4中典型花最大一枚花瓣颜色，花瓣颜色分白色、微绿色、淡红色。

5.1.4.7 花瓣质地

以双人触摸比对方式确定5.1.4中典型花中最大一枚花瓣的质地，花瓣质地分为薄、中、厚。

5.1.4.8 花瓣数

用5.1.4中典型花样本，计数每朵花的花瓣数，单位为枚，结果以平均值和变异范围表示，精确到整位数。对外轮与普片连生的花瓣形态介于两者之间者一并计入花瓣数。

5.1.4.9 子房茸毛

观察5.1.4中典型花子房茸毛状况，以"无"、"有"表示。

5.1.4.10 花柱长度

用5.1.4中典型花样本，测量花柱基部至顶端的长度，结果以平均值表示，精确到0.1 cm。

5.1.4.11 花柱开裂数

观察5.1.4中典型花柱头的开裂数，花柱开裂数分为1裂、2裂、3裂、4裂、5

裂、5 裂以上。

5.1.4.12 柱头裂位

观察 5.1.4 中典型花花柱开裂部位，柱头裂位分为浅裂（分裂部位长度占花柱全长＜1/3）、中等（1/3 ≤分裂部位长度占花柱全长＜2/3）、深裂（2/3 ≤分裂部位长度占花柱全长＜1）、全裂（分裂部位达到花柱基部）。

5.1.4.13 雌雄蕊相对高度

观察 5.1.4 中典型花，比较柱头和雄蕊的相对高度，雌雄蕊相对高度分为雌雄低（柱头低于雄蕊）、等高（柱头与雄蕊高度相等）、高（柱头高于雄蕊）。

5.1.5 果实

5.1.5.1 果实形状

在果实成熟期，随机选取发育正常的典型果实 10 个，观察果实形状，果实形状分为球形、肾形、三角形、四方形、梅花形。

5.1.5.2 果实大小

用 5.1.5.1 的样本，"十"字形测量果径长度，结果以平均值表示，精确到 0.1 cm。

5.1.5.3 果皮厚度

用 5.1.5.1 的样本，采收后在室内阴凉处摊放，待果实自然开裂时测量果皮中部边缘的厚度，结果以平均值表示，精确到 0.1 cm。

5.1.6 种子

5.1.6.1 种子形状

果实采收后在室内阴凉处摊放，待自然开裂时随机选取典型饱满种子 10 粒，按图 5 确定种子形状，种子形状分为球形、半球形、锥形、似肾形、不规则形。

球　形　　　半球形　　　锥　形　　　似肾形　　　不规则形

图 5　种子形状

5.1.6.2 种子大小

用 5.1.6.1 中的样本，"十"字形测量种径长度，结果以平均值表示，精确到 0.1 cm。

5.1.6.3 百粒重

用 5.1.6.1 中的样本，随机选取成熟的典型饱满种子 100 粒，称量，精确到 0.1 g。

5.1.6.4 种皮颜色

观察成熟饱满种子的种皮颜色，种皮颜色分为棕色、棕褐色、褐色。

5.2 品质性状

5.2.1 适制茶类和兼制茶类

审评茶样制样后 10 ～ 30 d 按 NY/T 787 进行感官审评，重复 2 年；年度结果差异大，则第 3 年重复制样、审评。记录香气分、香气特征、滋味分、滋味特征，计算品质总分（精确到 0.1 分），以总分最高的一批次作比较，按表 3 确定茶类适制性和兼制性。

表 3　茶类适制性和兼制性分级表

茶　类	最适合	适合	较适合	不适合
绿茶（与对照比）	分差≤ 0	0 <分差≤ 2.0	2.0 <分差≤ 4.0	分差> 4.0
红茶（与对照比）	分差≤ 0	0 <分差≤ 2.0	2.0 <分差≤ 4.0	分差> 4.0
乌龙茶（与对照比）	分差≤ 0	0 <分差≤ 3.0	3.0 <分差≤ 6.0	分差> 6.0

5.2.2 水浸出物

按 GB/T 8305 执行。

5.2.3 咖啡碱

按 GB/T 8312 执行。

5.2.4 茶多酚

按 GB/T 8313 执行。

5.2.5 氨基酸

按 GB/T 8314 执行。

5.2.6 酚氨比

计算茶多酚 / 氨基酸的比值，精确到 0.1。

5.2.7 儿茶素总量和组成

按 ISO 14502-2：2005 执行。

5.3　抗逆性

耐寒性

采用田间自然鉴定法：冬季遇冻害时，越冬后，以株（丛）为单位调查 10 株茶树冻害程度，凡中上部叶片 1/3 以上赤枯或青枯即为受冻叶，并按表 4 进行分级。

表 4　茶树寒害分级表

级　别	0 级	1 级	2 级	3 级	4 级
受冻叶片	≤ 5%	6%～15%	16%～25%	26%～50%	＞ 50%

按公式（1）计算冻害指数：

$$CI = \frac{\sum(n_i \times x_i)}{N \times 4} \times 100 \quad\cdots\cdots\cdots\cdots\cdots\cdots\cdots\cdots\cdots（1）$$

式中：CI——冻害指数；

n_i——各级受冻株树；

x_i——各级冻害级数；

N——调查总株树；

4——最高受害级别。

计算结果表示到整位数，按表 5 确定耐寒性。

表 5　茶树耐寒性分级表

耐寒性	强	较　强	中	弱
冻害指数	≤ 10	11～20	21～50	＞ 50

田间自然鉴定供试茶树树龄应在 5～15 年生，入冬前秋梢自然休眠，无嫩芽过冬；重复 2 年。

附录 A
（规范性附录）
茶叶样品采制方法

A.1 范围

本附录适用于茶树种质资源感官审评和品质化学成分分析样品的采制。

A.2 烘青绿茶感官审评样品采制

A.2.1 原料要求

从春茶第一轮一芽二叶上留鱼叶采摘一芽二叶。以国家审定的绿茶品种福鼎大白茶作对照。

A.2.2 加工工艺

按以下工艺进行烘青绿茶样品制作：摊放→杀青→揉捻→初烘→复烘→摊凉、包装。

1）鲜叶摊放：厚度 2 cm 左右或 0.5 kg/m²，4 ～ 12 h。

2）杀青：用电炒锅杀青。投叶量为 100 ～ 250 g 摊放叶，锅温 150 ～ 180℃，5 ～ 6 min。

3）揉捻：用手握住杀青叶在篾垫上旋转搓揉（原料多时亦可用小型揉捻机揉捻 10 ～ 15 min。以芽叶成条索，茶汁稍揉出，黏手为度。

4）初烘：微型烘干机 120℃，时间 10 ～ 15 min。初烘结束后取出摊凉 30 ～ 40 min。

5）复烘：微型烘干机 70 ～ 75℃，茶叶含水量降至 5% ～ 6%。

6）摊凉、包装：待茶叶冷却至常温后包装，放入专用设备储藏。

A.3 红碎茶感官审评样品采制

A.3.1 原料要求

从春茶或者夏茶一芽二叶新梢上留鱼叶采摘一芽二叶。以国家审定的红茶品种英红 1 号或云抗 10 号或黔湄 419 作对照。

A.3.2 加工工艺

按如下工艺流程制作红碎茶样：萎凋～揉切～发酵～初烘～复烘～摊凉、包装。

1）萎凋：鲜叶均匀摊放在萎凋帘或竹筛上，摊叶量约 0.5 kg/m²，室内温度 20 ～ 25℃，相对湿度 70% 左右，期间要翻叶 2 ～ 3 次，以使叶层疏松透气，萎凋均匀，时间约 6 ～ 12 h。雨季时，可将叶片薄摊，可鼓风萎凋，并安装排气风扇，适当延长萎凋时间。以叶片由鲜绿转为暗绿，表面光泽消退，芽叶柔软，茎折不断，萎凋叶含水量降到 65% 左右为度。

2）揉切：先将萎凋叶初揉成条，再用小型转子揉切机或粉碎机进行揉切。揉切后筛分进行发酵。

3）发酵：发酵室温 22 ～ 28℃，相对湿度在 90% 以上。湿度低时，可在地面喷洒清水，茶叶上盖湿布。发酵时间 30 ～ 60 min，当茶胚青草气消除，透出花果香，呈现橘黄色或初现红色即可。

4）初烘：微型烘干机温度 10 ～ 110℃，烘至含水量 15% ～ 20% 时，下机摊凉散热，使茶胚内外干湿均匀，冷却至室温后再进行复烘。

5）复烘：温度 80 ～ 90℃，烘至含水量 5% ～ 6%。

6）摊凉、包装：待茶叶冷却至常温后，放入专用设备储藏。

A.4 乌龙茶感官审评样品采制

A.4.1 原料要求

春茶期间，在晴天上午 10 时至下午 4 时采摘小至中开面的对夹二、三叶和一芽三、四叶嫩梢。以国家审定的乌龙茶品种黄棪为对照。

A.4.2 加工工艺

采用闽南乌龙茶工艺制作，工艺流程为：萎凋→做青→杀青→揉捻→干燥与包揉造形→摊凉、包装。

1）萎凋：包括凉青、晒青、凉青。

A. 凉青：采下的茶青（叶）在室内均匀薄摊于篾筛等器具上，厚度 10 ～ 20 cm。

B. 晒青：凉青叶摊放厚度 2 ～ 4 cm，放在中度或弱日光下（下午 3 时后）15 ～ 30 min，时间掌握视阳光强弱而定，期间翻晒 2 ～ 3 次。茶青减重率视嫩梢肥壮度、含水量及青叶色泽而定，一般在 6% ～ 15%。以手持嫩梢第二叶下垂、叶色转暗、失去光泽为度。

也可采用热风萎凋法：篾筛架在热风萎凋槽上，或茶青直接摊放在热风萎凋槽上，厚 10 cm 左右。热风温度 35 ～ 40℃，期间匀翻 2 ～ 3 次。操作方法与程度同 B. 晒青。

C. 凉青：将晒青叶再重复一次 A. 凉青的操作。

2）做青：包括摇青和凉青，做青历时 12 h 左右。

在温湿度比较稳定、相对密闭的做青间进行，室温控制在 22℃ ±2℃，相对湿度 65% ～ 75%。摇青和凉青一般交替进行 4 ～ 5 次。

A. 摇青：将萎凋叶 0.5 kg 左右置于水筛（篾筛）上，双手持水筛旋转，或用摇青机摇青，使叶片上下翻滚，互相碰撞。第一次摇 1 ～ 2 min，第二次摇 3 ～ 4 min，第三次摇 7 ～ 8min，第四次摇 8 ～ 10 min，第五次摇青视做青程度而定，如做青不足，则再摇 5 ～ 10 min。样品少时亦可用手"做青"：双手手心向上，五指分开，勿贴筛底，轻轻捧叶抖动翻滚，使做青叶互相碰撞摩擦。

B. 凉青：摇青后将做青叶静置摊放在水筛上，第一次摊叶厚 2 ～ 3 cm，时间 1 ～ 2 h，第二次厚 3 ～ 5 cm，2 ～ 2.5 h，第三次厚 10 ～ 15 cm，3 ～ 4 h，第四、五次厚 15 cm 左右，3 ～ 4 h。第三到第五次凉青叶摊成凹坑状。

做青程度掌握：叶色转黄绿色，叶尖与叶缘显红色斑点，叶背翻成汤匙状（即"还阳"），青臭气消退，果香、花香显露。

3）杀青：投叶量为做青叶 0.5 kg 左右，锅温 200 ～ 220℃，3 ～ 5 min，扬闷结合，扬炒为主。以手握叶片成团，折梗不断为度。

4）揉捻：趁热用手握住杀青叶快速在篾垫上揉捻 20 余下，抖散，再揉捻 20 余下，抖散，以有茶汁揉出为度。

5）干燥与包揉造形：初烘→初包揉→复烘→复包揉→足干。

A. 初烘：微型烘干机热风烘焙或用焙笼烘焙，厚度 2 cm 左右，温度 100 ～ 110℃，时间 5 ～ 8 min。

B. 初包揉：将初烘叶放入方巾布中包紧，置揉捻台上快速搓揉，松包解块后再次包揉，以条索紧结成形为度。

C. 复烘：初包揉叶解块 0.5 h 后进行复烘，厚度 2 ～ 3 cm，温度 80 ～ 90℃，时间 5 ～ 8 min。

D. 复包揉：同初包揉，反复多次。最后一次包揉后定形 1 h 左右再松包解块，至条索紧结成颗粒状为度。

E. 足干：低温慢烘，厚度 5 ～ 10 cm，温度 50 ～ 60℃，时间 3 ～ 4 h。足干茶叶含水量 5% ～ 6%。

6）摊凉、包装：待茶叶冷至常温后包装，放入避光、干燥、密封专用设备中储藏。

A.5　品质化学成分分析样品采制

A.5.1　原料要求

从春茶第一轮一芽二叶上留鱼叶采摘一芽二叶。有性繁殖资源供鉴定植株要均衡采样。

A.5.2　制样工艺

按以下方法制成品质化学成分分析样 50 g 左右：将水烧沸，鲜叶在蒸屉内蒸 2 min 左右，然后在 90℃烘箱内烘干；或直接将鲜叶放在 120℃的微型烘干机内一次性烘干。

ICS 65.020.20
B 05

中华人民共和国农业行业标准

NY/T 2422—2013

植物新品种特异性、一致性和稳定性
测试指南　茶树

Guidelines for the conduct of tests for distinctness,
uniformity and stability—Tea
[*Camellia sinensis*（L.）O.Kuntze]
（UPOV：TG/238/1，Guidelines for the conduct of tests for
distinctness, uniformity and stability—Tea，NEQ）

2013-09-10 发布　　　　　　　　　　　　2014-01-01 实施

中华人民共和国农业部　发 布

目　次

前　言

本标准按照 GB/T 1.1—2009 给出的规则起草。

本标准与国际植物新品种保护联盟（UPOV）指南"TG/238/1，Guidelines for the conduct of tests for distinctness，uniformity and stability—Tea"同步制订。

本标准对应于 UPOV 指南 TG/238/1，与 TG/238/1 的一致性程度为非等效。

本标准与 UPOV 指南 TG/238/1 相比主要差异如下：

——调整了"提供的扦插苗"数量到 50 株；

——调整了"分组性状"，增加了"新梢：一芽一叶始期"、"新梢：一芽二叶期第 2 叶颜色"，删除了"花：花冠直径"；

——调整了"叶片：边缘锯齿"的性状代码值；

——调整了"发酵能力"、"咖啡因含量"2 个性状列入选测性状；

——增加了花器官性状"仅观测开花品种"，完善了花的解剖图；

——技术问卷格式中增加了"开花特性"、"始花树龄"。

本标准由农业部科技教育司提出。

本标准由全国植物新品种测试标准化技术委员会（SAC/TC 277）归口。

本标准起草单位：中国农业科学院茶叶研究所、农业部植物新品种测试中心、云南省农业科学院茶叶研究所。

本标准主要起草人：陈亮、吕波、虞富莲、杨亚军、徐岩、堵苑苑、姚明哲、许玫、王新超、赵丽萍。

植物新品种特异性、一致性和稳定性测试指南
茶　树

1　范围

本标准规定了茶树新品种特异性、一致性和稳定性测试技术要求和结果判定的一般原则。

本标准适用于茶树 [*Camellia sinensis*（L.）O.Kuntze] 植物新品种特异性、一致性和稳定性测试和结果判定，也适用于山茶属茶组 [*Camellia* L.Sect.*Thea*（L.）Dyer] 其他植物。

2　规范性引用文件

下列文件对于本文件的应用是必不可少的。凡是注日期的引用文件，仅注日期的版本适用于本文件。凡是不注日期的引用文件，其最新版本（包括所有的修改单）适用于本文件。

GB 11767　茶树种苗

GB/T 19557.1　植物新品种特异性、一致性和稳定性测试指南　总则

IS0 10727　茶和固态速溶茶　咖啡因含量测定　高效液相色谱法

3　术语和定义

GB/T 19557.1 界定的以及下列术语和定义适用于本文件。

3.1　群体测量　single measurement of a group of plants or parts of plants

对一批植株或植株的某器官或部位进行测量，获得一个群体记录。

3.2　个体测量　measurement of a number of individual plants or parts of plants

对一批植株或植株的某器官或部位进行逐个测量，获得一组个体记录。

3.3　群体目测　visual assessment by a single observation of a group of plants or parts of plants

对一批植株或植株的某器官或部位进行目测，获得一个群体记录。

3.4 个体目测 visual assessment by observation of individual plants or parts of plants

对一批植株或植株的某器官或部位进行逐个目测，获得一组个体记录。

4 符号

下列符号适用于本文件：

MG：群体测量。

MS：个体测量。

VG：群体目测。

VS：个体目测。

QL：质量性状。

QN：数量性状。

PQ：假质量性状。

*：标注性状为 UPOV 用于统一品种描述所需要的重要性状，除非受环境条件限制性状的表达状态无法测试，所有 UPOV 成员都应使用这些性状。

（a）～（d）：标注内容在 B.1 中进行了详细解释。

（＋）：标注内容在 B.2 中进行了详细解释。

5 繁殖材料的要求

5.1 繁殖材料以一年生或一足龄扦插苗形式提供。

5.2 提交的扦插苗数量至少 50 株。

5.3 提交的扦插苗应外观健康，活力高，无病虫侵害。具体质量要求如下：扦插苗的质量应达到 GB 11767 中 I 级苗木的要求：1）无性系大叶品种：苗龄为一年生，苗高大于等于 30 cm，茎粗大于等于 4 mm，侧根数大于等于 3 根；2）无性系中小叶品种：苗龄一足龄，苗高大于等于 30 cm，茎粗大于等于 3 mm，侧根数大于等于 3 根。

5.4 提交的扦插苗一般不进行任何影响品种性状正常表达的处理（如修剪）。如果已处理，应提供处理的详细说明。

5.5 提交的扦插苗应符合中国植物检疫的有关规定。

6　测试方法

6.1　测试周期

测试周期至少为一个生长周期。

一个完整的生长周期是指越冬芽萌发，经新梢生长直至冬季休眠的过程。

6.2　测试地点

测试应在能保证植株正常生长、性状正常表达以及有利于观测的条件下进行。测试通常在一个地点进行。如果某些性状在该地点不能正常表达，可在其他符合条件的地点对其进行观测。

6.3　测试时间

测试从定植后第 3 个生长周期开始。

6.4　田间试验

6.4.1　试验设计

申请品种和近似品种相邻种植。

按常规密度 1.50 m×0.50 m 单株种植。测试品种植株总数不少于 10 株。

6.4.2　田间管理

按当地常规生产管理方式进行，测试茶树不修剪。

6.5　性状观测

6.5.1　观测时期

性状观测应按照 B.1 列出的时期进行。

6.5.2　观测方法

性状观测应按照表 A.1 和表 A.2 规定的观测方法（VG、VS、MG、MS）进行。部分性状观测方法见 B.1 和 B.2。

6.5.3　观测数量

除非另有说明，个体观测性状（VS、MS）植株取样数量不少于 10 个，在观测植株的器官或部位时，每个植株取样数量应为 1 个。群体观测性状（VG、MG）应观测整个小区或规定大小的混合样本。

6.6　附加测试

必要时，可选用表 A.2 中的性状或本指南未列出的性状进行附加测试。

7　特异性、一致性和稳定性结果的判定

7.1　总体原则

特异性、一致性和稳定性的判定按照 GB/T 19557.1 确定的原则进行。

7.2　特异性的判定

申请品种应明显区别于所有已知品种。在测试中，当申请品种至少在一个性状上与近似品种具有明显且可重现的差异时，即可判定申请品种具备特异性。

7.3　一致性的判定

对于茶树品种，一致性判定时，采用 1% 的群体标准和至少 95% 的接受概率。当样本大小为 10 株时，最多可以允许有 1 个异型株。

7.4　稳定性的判定

如果一个品种具备一致性，则可认为该品种具备稳定性。一般不对稳定性进行测试。

必要时，可以种植该品种的另一批无性繁殖材料，与以前提供的繁殖材料相比，若性状表达无明显变化，则可判定该品种具备稳定性。

8　性状表

根据测试需要，性状分为基本性状和选测性状。基本性状是测试中必须使用的性状，基本性状见表 A.1，选测性状见表 A.2。

8.1　概述

性状表列出了性状名称、表达类型、表达状态及相应代码和标准品种、观测时期和方法等内容。

8.2 表达类型

根据性状表达方式，性状分为质量性状、假质量性状和数量性状 3 种类型。

8.3 表达状态和相应代码

8.3.1 每个性状划分为一系列表达状态，以便于定义性状和规范描述；每个表达状态赋予一个相应的数字代码，以便于数据记录、处理和品种描述的建立与交流。

8.3.2 对于质量性状和假质量性状，所有的表达状态都应当在测试指南中列出；对于数量性状，为了缩小性状表的长度，偶数代码的表达状态可以不列出，偶数代码的表达状态可描述为前一个表达状态到后一个表达状态。

8.4 标准品种

性状表中列出了部分性状有关表达状态可参考的标准品种，以助于确定相关性状的不同表达状态和校正环境引起的差异。

9 分组性状

本文件中，品种分组性状如下：

a）* 植株：树型（表 A.1 中性状 2）。

b）* 植株：树姿（表 A.1 中性状 3）。

c）* 新梢：一芽一叶始期（表 A.1 中性状 6）。

d）新梢：一芽二叶期第 2 叶颜色（表 A.1 中性状 7）。

e）* 叶片：长度（表 A.1 中性状 13）。

10 技术问卷

申请人应按附录 C 给出的格式填写茶树技术问卷。

附录 A
（规范性附录）
茶树性状表

A.1 茶树基本性状

见表 A.1。

表 A.1 茶树基本性状表

序号	性状	观测方法	表达状态	标准品种	代码
1	*植株：生长势 QN （a）	VG	弱	龙井瓜子	3
			中	龙井 43	5
			强	云抗 10 号	7
2	*植株：树型 QN （+） （a）	VG	灌木型	龙井 43	1
			小乔木型	黔湄 419	3
			乔木型	云抗 10 号	5
3	*植株：树姿 QN （+） （a）	VG	直立	碧云	1
			半开张	寒绿	3
			开张	英红 1 号	5
4	*植株：分枝密度 QN （a）	VG	稀	云抗 10 号	3
			中	碧云	5
			密	藤茶	7
5	枝条："之"字形 QL （a）	VG	无		1
			有		9
6	*新：一芽一叶始期 QN （b） （+）	MG	早	龙井 43	3
			中	碧云	5
			晚	黔湄 419	7
7	新梢：一芽二叶期第 2 叶颜色 PQ （+）	VG	白色		1
			黄绿色		2
			浅绿色		3
			中等绿色		4
			紫绿色		5

（续表）

序号	性状	观测方法	表达状态	标准品种	代码
8	＊新梢：芽茸毛 QL	VG	无		1
			有		9
9	新梢：芽茸毛密度 QN	VG	稀	龙井 43	3
			中	碧云	5
			密	云抗 10 号	7
10	新梢：叶柄基部花青甙显色 QL	VG	无		1
			有		9
11	＊新梢：一芽三叶长 QN	VG/MS	短	锡茶 11 号	3
			中	龙井 43	5
			长	黔湄 419	7
12	＊叶片：着生姿态 QN （c） （+）	VG	向上	龙井 43	1
			水平	藤茶	3
			向下		5
13	＊叶片：长度 QN	VG/MS	短	龙井瓜子	3
			中	碧云	5
			长	黔湄 419	7
14	＊叶片：宽度 QN	VG/MS	窄	藤茶	3
			中	黔湄 419	5
			宽	云抗 10 号	7
15	叶片：形状 QN （+）	VG	披针形	藤茶	1
			窄椭圆形		2
			中等椭圆形	黔湄 419	3
			阔椭圆形		4
16	叶片：绿色程度 QN （+）	VG	浅		3
			中	锡茶 11 号	5
			深	杨树林 783	7
17	叶片：横切面形态 QN （+）	VG	内折	龙井瓜子	1
			平	锡茶 11 号	2
			背卷		3
18	叶片：上表面隆起 QN	VG	无或弱	寒绿	1
			中	藤茶	2
			强	黔湄 419	3

（续表）

序号	性状	观测方法	表达状态	标准品种	代码
19	叶片：先端形状 QN （+）	VG	钝		1
			急尖	云抗 10 号	2
			渐尖	藤茶	3
20	叶片：边缘波状程度 QN （+）	VG	无或弱	云抗 10 号	1
			中	藤茶	2
			强		3
21	叶片：边缘锯齿 QN （+）	VG	浅	云抗 10 号	1
			中	英红 1 号	3
			深		5
22	叶片：基部形状 PQ	VG	楔形	云抗 10 号	1
			钝	锡茶 11 号	2
			近圆形		3
23	花：盛花期 QN （d）	VG	早	龙井 43	3
			中	英红 1 号	5
			晚	黔湄 419	7
24	花：花梗长度 QN	VG/MS	短		3
			中	碧云	5
			长	杨树林 783	7
25	＊花：花萼外部茸毛 QL	VG	无	龙井 43	1
			有	黔湄 419	9
26	＊花：花萼外部花青甙显色 QL	VG	无	龙井 43	1
			有	碧云	9
27	＊花：花冠直径 QN	VG/MS	小	杨树林 783	3
			中	锡茶 11 号	5
			大	云抗 10 号	7
28	花：内轮花瓣颜色 PQ	VG	浅绿色		1
			白色		2
			粉红色		3
29	＊花：子房茸毛 QL	VG	无		1
			有		9

（续表）

序号	性状	观测方法	表达状态	标准品种	代码
30	花：子房茸毛密度 QN	VG	稀		3
			中	龙井 43	5
			密	黔湄 419	7
31	花：花柱长度 QN	VG	短	杨树林 783	3
			中	碧云	5
			长	锡茶 11 号	7
32	花：花柱分裂位置 QN （＋）	VG	低		3
			中		5
			高		7
33	花：雌蕊相对于雄蕊高度 QN （＋）	VG	低于	云抗 10 号	1
			等高	黔湄 419	3
			高于	锡茶 11 号	5

A.2　茶树选测性状表

见表 A.2。

表 A.2　茶树选测性状表

序号	性状	观测方法	表达状态	标准品种	代码
34	发酵能力 QN （＋）	MG	弱	龙井 43	3
			中	黔湄 419	5
			强	云抗 10 号	7
35	咖啡因含量 QN （＋）	MG	无或极低		1
			低		2
			中		3
			高		4
			很高		5

附录 B
（规范性附录）
茶树性状表的解释

B.1　涉及多个性状的解释

（a）性状 1～性状 5，可在任何时期观测。

（b）新梢：应在每年的第一轮新梢进行观测。

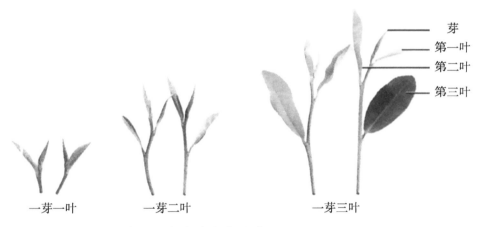

一芽一叶　　　　一芽二叶　　　　　　一芽三叶

（c）叶片：应观测春梢中部完全发育叶片。

（d）花：仅观测开花品种，应在盛花期进行观测，约 50% 花开放的时期为盛花期。

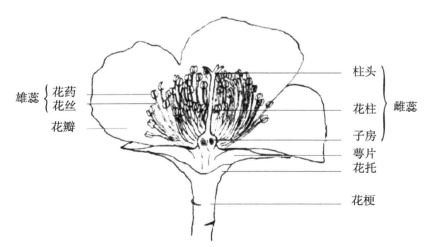

B.2　涉及单个性状的解释

性状分级和图中代码见表 A.1。

性状 2　植株：树型，见图 B.1。

灌木型　　　　　　　　　小乔木型　　　　　　　　　乔木型
1　　　　　　　　　　　3　　　　　　　　　　　5

图 B.1　植株：树型

性状 3　植株：树姿，见图 B.2。

直立　　　　　　　　　　半开张　　　　　　　　　　开张
1　　　　　　　　　　　3　　　　　　　　　　　5

图 B.2　植株：树姿

性状 6　新梢：一芽一叶始期，30% 越冬芽达到一芽一叶始的时期。

性状 7　新梢：一芽二叶期第 2 叶颜色，见图 B.3。

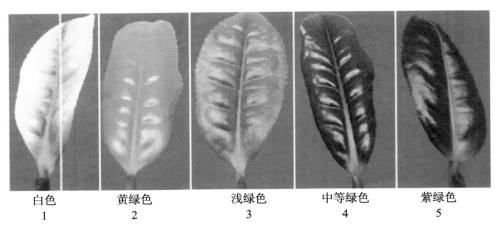

白色	黄绿色	浅绿色	中等绿色	紫绿色
1	2	3	4	5

图 B.3　新梢：一芽二叶期第 2 叶颜色

性状 12　叶片：着生姿态，见图 B.4。

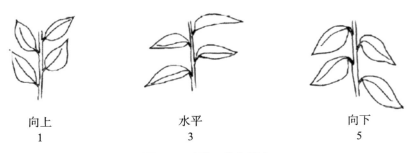

向上	水平	向下
1	3	5

图 B.4　叶片：着生姿态

性状 15　叶片：形状，见图 B.5。

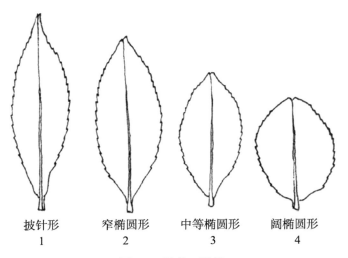

披针形	窄椭圆形	中等椭圆形	阔椭圆形
1	2	3	4

图 B.5　叶片：形状

性状 16　叶片：绿色程度，见图 B.6。

浅	中	深
3	5	7

图 B.6　叶片：绿色程度

性状 17　叶片：横切面形态，见图 B.7。

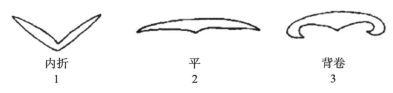

内折	平	背卷
1	2	3

图 B.7　叶片：横切面形态

性状 19　叶片：先端形态，见图 B.8。

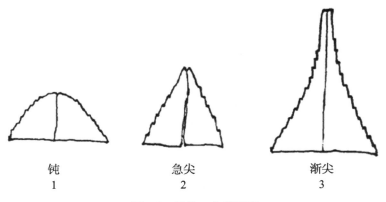

钝	急尖	渐尖
1	2	3

图 B.8　叶片：先端形态

性状 20　叶片：边缘波状程度，见图 B.9。

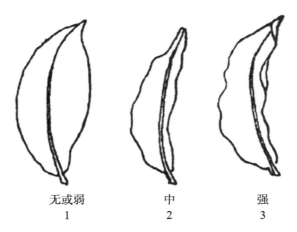

无或弱　　　中　　　强
1　　　　2　　　　3

图 B.9　叶片：边缘波状程度

性状 21　叶片：边缘锯齿，见图 B.10。

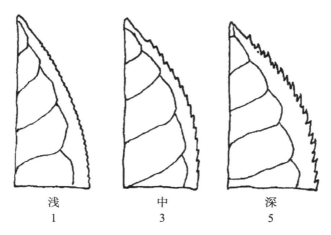

浅　　　中　　　深
1　　　3　　　5

图 B.10　叶片：边缘锯齿

性状 22　叶片：基部形状，见图 B.11。

楔形　　　钝　　　近圆形
1　　　2　　　3

图 B.11　叶片：基部形状

性状 32 花：花柱分裂位置，见图 B.12。

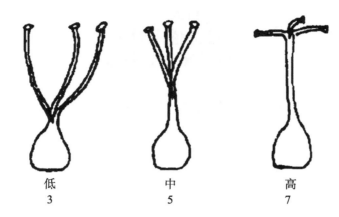

低 3 中 5 高 7

图 B.12 花：花柱分裂位置

性状 33 花：雌蕊相对于雄蕊高度，见图 B.13。

低于 1 等高 3 高于 5

图 B.13 花：雌蕊相对于雄蕊高度

性状 34 发酵能力，采用氯仿试验法。把新梢插入一块板上，放入有 1.5 ～ 2.0 cm 深氯仿溶液的密闭容器中，记录新梢变成棕红色的时间。

性状 35 咖啡因含量，应采用每年第一轮一芽二叶新梢样品，新梢采摘后应立即经 120 ～ 125℃热风烘干，密闭干燥储藏至分析，采用 ISO 10727 规定的方法测定。

表 B.1 咖啡因含量及其代码

性状描述	无或极低	低	中	高	极高
咖啡因含量，%	≤ 0.5	0.6 ～ 2.0	2.1 ～ 3.5	3.6 ～ 5.0	＞ 5.0
代码	1	2	3	4	5

附录 C
（规范性附录）
茶树技术问卷格式

茶树技术问卷

> 申请号：
> 申请日：
> （由审批机关填写）

（申请人或代理机构签章）

C.1　品种暂定名称

C.2　植物学分类

在相符的 [　] 中打√。

C.2.1

拉丁名：*Camellia sinensis（L.）O. Kuntze*

中文名：　　　茶树　　　　　　　[　]

C.2.2　其他

（请提供详细植物学名和中文名）

拉丁名：＿＿＿＿＿＿＿＿＿＿

中文名：＿＿＿＿＿＿＿＿＿＿

C.3　品种特性

在相符的 [　] 中打√。

C.3.1　开花特性

开花 [　]　　　　　　不开花 [　]

C.3.2　始花树龄

4 年以下 [　]　　　4 年以上 [　]

C.3.3　品种特点

C.4　申请品种的具有代表性彩色照片

（品种照片粘贴处）

（如果照片较多，可另附页提供）

C.5　其他有助于辨别申请品种的信息

（如品种用途、品质和抗性，请提供详细资料）

C.6　品种种植或测试是否需要特殊条件

在相符的 [　] 中打√。

是 [　]　　否 [　]

（如果回答是，请提供详细资料）

C.7　品种繁殖材料保存是否需要特殊条件

在相符的 [　] 中打√。

是 [　]　　否 [　]

（如果回答是，请提供详细资料）

C.8　申请品种需要指出的性状

在表 C.1 中相符的代码后 [　] 中打√，若有测量值，请填写在表 C.1 中。

表 C.1 申请品种需要指出的性状

序号	性状	表达状态	代码	测量值
1	＊植株：树型（性状 2）	灌木型	1[ ]	
		小乔木型	2[ ]	
		乔木型	3[ ]	
2	＊植株：树姿（性状 3）	直立	1[ ]	
		半开张	3[ ]	
		开张	5[ ]	
3	枝条；"之"字形（性状 5）	无	1[ ]	
		有	9[ ]	
4	＊新梢：一芽一叶始期（性状 6）	早	3[ ]	
		中	5[ ]	
		晚	7[ ]	
5	新梢：一芽二叶期第 2 叶颜色（性状 7）	白色	1[ ]	
		黄绿色	2[ ]	
		浅绿色	3[ ]	
		中等绿色	4[ ]	
		紫绿色	5[ ]	
6	＊叶片：着生姿态（性状 12）	向上	1[ ]	
		水平	3[ ]	
		向下	5[ ]	
7	＊叶片：长度（性状 13）	短	3[ ]	
		中	5[ ]	
		长	7[ ]	
8	叶片：形状（性状 15）	披针形	1[ ]	
		窄椭圆形	2[ ]	
		中等椭圆形	3[ ]	
		阔椭圆形	4[ ]	
9	＊花：花萼外部花青甙显色（性状 26）	无	1[ ]	
		有	9[ ]	

（续表）

序号	性状	表达状态	代码	测量值
10	＊花：花冠直径（性状 27）	小	3[　]	
		中	5[　]	
		大	7[　]	
11	＊花：雌蕊相对于雄蕊高度（性状 33）	低于	1[　]	
		等高	3[　]	
		高于	5[　]